整理焦虑

三木水 著

北京时代华文书局

声 明

　　书中所有案例，凡是涉及可能会透露来访者本人身份信息的，均已做了大幅改写；在不影响主题呈现的情况下，案例本身均已经过高度虚拟化处理。

有态度的阅读
小马过河（天津）文化传播有限公司出品

目录 Contents

壹 焦虑的根源

- 002 生活是很多个局，你被困在了哪个局里？
- 010 外面活色生香，为什么我却活得没劲？
- 018 和朋友发生冲突，这段关系就死了吗？
- 024 拖延=懒？
- 031 晚上不睡，早上不起
- 037 安全感不足，你焦虑真的是因为穷吗？
- 044 死亡焦虑……一切焦虑的源头

贰 焦虑和原生家庭有关系吗？

054 你的依恋关系是怎样的？

062 焦虑的种子，可能来自你的原生家庭

068 痛苦的内在小孩如何面对这复杂的世界？

077 无法和父母和解，是我的错吗？

084 世上只有妈妈好，只是一个骗局？

叁 正视焦虑

094 人到中年的人生目标：活着，不崩溃

102 你孤独吗？

112 为何我不敢结束一段让我痛苦的关系？

122 谁在阉割我们的需求？

129 不完美，毋宁死？告别理想化全能自恋

138 警惕道德绑架，建立稳定的自我

146 警惕消极的环境

152 带着焦虑，仍然可以好好生活

肆 找到自我,疏解焦虑

- 160 人人皆自恋
- 169 与自己和平共处
- 177 没有爱好,小心玩自己
- 184 如何找到生活的意义?
- 192 情绪化,是因为我们还太幼稚?
- 201 情商高不等于人缘好,情商低不等于笨
- 209 一定要离开舒适区吗?

伍 焦虑并没有那么可怕

218 直面痛苦,会让你更有力量

225 哀悼是最好的疗愈

232 对他人说不,对自己说是,建立自我界限

241 有效获得安全感

249 找到现实世界中的资源,离开想象的世界

257 生活还是会焦虑,可是我已经不一样

壹

焦虑的根源

生活是很多个局，
你被困在了哪个局里？

1

你是否遇到过类似的情景：你一直在很努力地工作和生活，也一度感觉生活的各方面在向前走。但是，每当一个阶段结束，就会有一种感觉冒出来：你就像陀螺一样，转得很快，却原地踏步。无数的来访者跟我讲过类似的情景。

有一位来访者跟我讲过她的一个梦境：她不断地推开眼前的那扇门。她推开一扇门，进入一个空房间，发现房间里还有一扇门，然后只能继续推……明明每个推开的房间都是空的，但为什么还要重复这个动作？她自己也不知道。

还有一个类似的梦境：有的人梦见自己头顶上有无数层的天花板，自己一直在努力穿越一层一层的天花板，但是并不知道什么时候是尽头，也不知道穿越了天花板到底有什么用，只是觉得要一直一层一层地穿越天花板。

这种梦境，像极了很多人现实的生活——每天吃饭、工作、看风景，周而复始。

很多人换工作，其实并没有质的提升。至于工资的提高、职位的升迁，那是随着经验的增加"顺其自然"的事。但在工资涨到一定程度后，它就会停在那里。而之前工作上遇到的困难，比如同事间人际交往问题、和老板沟通问题、跨部门协作问题、自己在完成工作中遇到的各种受挫的感受问题等，会换个形式通通回来。

我们似乎走进了一个局里，并且被困在其中，不得脱身。在这个"局"里，任何的努力都是徒劳。

2

到底发生了什么，让我们掉在这样一种循环里止步不前？这里，我们不妨从"三元论"的角度，重新认识一下自己的生活。

什么是一元、二元和三元关系？简单来说，心理学中的精神分析流派认为，人的各种错综复杂的关系，可以分为一元、二元和三元关系。

关系是外在事物的总和，也是一个人心理发展不同阶段的体现。三种关系最开始建立和发展的阶段，是在 6 岁前。

一元关系，建立的关键期在 0~6 个月。在一元阶段，人以自我感受为主，以自我为中心，和外界处于融合共生状态。比如，婴儿觉得母亲是自己的一部分，这个世界都是围着他（她）转，自己是无所不能的。如果一元关系处理不好，我们从这个部分走不出来，等到走入社会，我们看起来是大人，但是仍然会带着融合共生的感觉。

我的一位来访者，曾经因为碰到了前面咨询的来访者，而对咨询师产生了"很生气"的感觉。原因是，他认为咨询师只是他一个人的，是他私有的，怎么可以还是其他人的咨询师？甚至，在我们的咨访关系中，他都看不到咨询师的存在，而是只有他自己，咨询师也只是他的一部分。这是典型的过于以自我为中心的表现。

二元关系，建立的关键期在 6~36 个月。在二元阶段，人们开始逐渐尝试形成自我，并且看到自己和母亲是独立的两个人。这个时候分离开始发生，边界开始出现。我们看到自己的存在，同时看到别人的存在。

比如，两个人吵架时可能都陷落在一元的感受中，这个时候谁能先从一元的感受中出来，不仅能看到自己的感受，还能看到对面那个人的存在，那么这个人很有可能会率先终止吵架，甚至能去哄对方。因此，从一定程度上说，能在吵架中去主动和好的人，处于更高级的心态中。

同时，二元关系还有很重要的一个功能——情感连接。比如，亲情、友情、爱情。可是让这些感情真正发生在感受层面，而不是头脑层面，却不是一件易事，也并不是谁都具备的能力。比如有的人会觉得，和他人建立不起来真正的感情，表现为我们有朋友但是不亲近，我们和对方的关系没有黏性，只是靠日常的事情机械化连接，这其实就是二元关系出了问题。

再拿吵架举例。男女朋友吵架，男朋友其实知道，只要哄哄对方就可以和好，但是就是做不出来哄的动作。男朋友要么讲道理（三元），要么很烦躁（一元），反正就是不能靠感情解决问题。男朋友头脑层面意识到的原因似乎是"没面子""不好意思""没必要""钢铁直男""来不了那一套"等，其实这很可能就是因为两人没有建立足够好的情感连接。

<u>三元关系</u>，建立的关键期在 3~6 岁，分水岭是看到了父亲的存在。这里的父亲，不仅是指父亲，还代表了自己和母亲之外的所有关系。这促使我们从和母亲的情感关系中走出来，看到外面的世界，所以父亲代表的是现实，是社会，是规则。

规则是什么？比如，上班需要打卡、理财可以获得收益（也可能赔钱）、读书有利于找工作、挣钱可以提高生活质量等，这些都是非常浅显的规则。我们的三元功能好不好，可以从"我们与规则的关系"中看出来。按照能力进阶，可以分为看到规则、遵守规则、依赖规则和利用规则。

无法走进三元关系的人，看不到社会规则；看不到社会规则，就无法走进现实；无法走进现实，所有的"意义""价值""目标""追求""愿景"，就无从谈起。

3

这三种关系如此重要，它们又是如何建立的呢？

一元的核心是一个好的自己。为了建立一个好的自己，我们就会把坏的自己投射到母亲身上。这样母亲就分裂成两个形象：一个好母亲，一个坏母亲。

但是，在张力很大的二元关系中，"坏母亲"的形象我们无法忍受，也无法消化，于是我们把坏母亲的形象投射了出去。投射到了哪里呢？投射到了父亲身上。这个时候，我们的世界中就引入了"父亲"。在这个阶段，如果父亲能够做一个"好父亲"，那么"坏母亲"的形象就会被重新收回来，于是孩子就会出现一个回归的路线：从父亲身上收回"坏母亲"的部分，重新放回到母亲身上，又从母亲身上收回"坏自己"的部分，重新放回到自己身上。

这个阶段如果进行得顺利，我们不仅能够建立顺畅的一元、二元和三元关系，而且还能够获取另外一种能力——好坏整合的能力。

从三元上，我们因为看到父亲、认可父亲，得以进入三元关系；从二元上，我们因为看到父亲、母亲虽然不完美，但是却"足够好"，于是我们可以获得情感和依恋的能力；从一元上，我们因为在父母的回应下，不断被看到，于是我们获得了自我存在感。这样，我们的一元、二元和三元关系，最终得以建立起来。

4

很多人遇到的问题，其实都可以在一元、二元和三元关系上找到答案。

自我的建立：比如自信、自卑、自我接纳、自我涵容，各种感受的处理能力等；

人际的交往：比如边界感，情感的发生、整合能力，表达自己的诉求，依恋等；

社会生存和发展的能力：比如，认识社会规则、利用社会规则，对现实的处理能力，工作成就、意义的获取，欲望的满足，功利的追求等。

回到文章开始的问题，很多人之所以在原地打转，是因为他们其实已经被困在了一元、二元或者三元的某个层面上出不来，所以才会有这种感觉。

比如我的一个朋友，他很勤奋，也很辛苦，但是他的工作始终没什么起色。他是做销售工作的。销售工作除了销售技巧、对产品的认识外，还是一个非常依赖人际关系的工作。事实上，他并没有建立起很好的二元关系，他对人与人之间的感情是不熟悉的。所以即便他再努力，也始终无法和客户建立起真正夯实的关系。因此，不是他不努力，真正的原因是他的二元关系建立有问题。看不到这个原因，无论他多努力，都会有被困住的感觉。

再比如，我们之前文章里提到过的伴侣吵架，一个人一直在诉说感受（一元），另一个人一直在讲道理（三元），两个人说的都没错,但是恐怕这个架会一直吵下去。我们现在知道了,是因为他们的沟通不在一个层面。如果,这是一个我们和伴侣之间每次遇到分歧之后都会使用的沟通模式,那么如果这个模式不变,当我们和伴侣再一次吵架的时候,旧的模式就会自动重启。无论两个人多坦诚、人品有多好,无论一方是不是在事后拼命认错,都没有用。这两个人就是困在了这个"局"里。

5

那么,如何改变这个局面?

首先,我们要意识到不是现实世界的具体现象把我们困住了,而是我们自己背后的模式把我们困住了;其次,我们要看到自己到底被困在了哪个层面;最后,我们再去寻求解决问题的答案,搞清楚是一元、二元和三元关系中哪一部分的建立出现了问题。

这里,一元关系的建立是最大的基础和前提。

首先,我们要非常清醒地意识到:建立一个"稳定的自我"很重要。这个意识是两个层面的:不仅从理性上认识到这个问题,还要从感受上认识到这个问题。

其次,如果我们既没有被父母给予应有的"看到",又没有机会走入咨询室解决这个问题,那么我们就要从身边人中去寻找

"镜映"——也就是被看到的感受,并且有意识地积累这种"被看到"带给我们的积极感受,标记它,感受它,内化它,记住它——这很重要。

然后,我们从这些不断被标记的"被看到"的积极感受中,获得积极的力量,带着这个力量尝试整合自己。这里整合的,不只是"好"的方面,还有看到自己那些"不够好"的方面。通过这些整合,我们可以尝试去聚拢和形成一个"自我"的形象。

最后,在生活中去巩固。不断地尝试去标记自己"好的感受"和"坏的感受",不断进行整合,让自己更加全面、丰富、真实和稳定。

这里我特别想说的一点是:后天完全靠自己努力去建立一个稳定的自我,不会容易。我们自己要有心理准备。

对于二元关系和三元关系的建立,我们可以尝试"不断暴露",要给自己不断暴露在他人、社会、现实世界的各个领域的机会。

比如,我们不仅跟人交流,而且要尝试去跟人进行"触碰人心"的交流;让自己努力工作,在规则世界取得身份、成绩和价值;尝试融入各个群体;去旅行、去读书、去发现一路上不同时空象限内同一个自己的不同面。我不能保证我们伸出去的善意和勇气,每一次都能得到外部世界的鼓励,可是我们终于有机会得以不断地暴露自己,并且变得"结实"。

修通好"三元关系"之后,带着这个视角,我们再看外部的一切现象,就会有不一样的体验。

外面活色生香，
为什么我却活得没劲？

1

李先生是我的一位长程来访者，他已经做了 85 次咨询。

他来咨询，并不是因为某个特别明显的"症状"。事实上，随着人们对心理健康的重视程度以及对生活质量的要求越来越高，越来越多的人不再是因为具体症状而走进我的咨询室。

来访者李先生，看起来社会功能很好，30 岁出头，社交没问题，工作出色，在公司已经做到了高层，而且家庭美满。只有一个"小问题"——他总是觉得生活没劲。

他所谓的没劲，也没有达到抑郁或者要放弃什么的程度。他所谓的没劲,更多的是感觉自己和世界、和生活并没有什么关系。现实中的他没有兴趣,没有爱好,没有大喜,没有大悲,就是觉得没意思。

这是一种弥漫的感觉,弥漫在他生活的每一件事情、每一个细节中,甚至他的每一个毛孔中。这种感觉真的很难切切实实、原原本本地描述清楚,因为这感觉是那么虚无缥缈,又如影随形。

2

这不是我第一次听到这样的描述。事实上,很多朋友曾经跟我说过有类似的感受。明明一切都好好的,生活不错,家庭不错,工作不错,物质条件也不错。这么好的条件,怎么就高兴不起来?

不应该不高兴,而事实上却一直不高兴——这让他们百思不得其解,于是,他们开始很焦虑,很自责。

3

在这种弥漫着的情绪里,来访者的一句话是我们分析这种心境的切入点：感觉自己和这个世界，并没有什么关系。

如果我们真的觉得自己和这个世界"不发生什么关系"就"高兴不起来"，这是再正常不过的事情。

我们怎么可能高兴呢？并没有东西可以让我们高兴啊，因为我们和周围的一切"已经分离"。世界是世界，我们是我们，周围的一切不管多好都已经和我们无关，我们又怎么可能高兴？

可是，我们明明生活在世界之中。我们走在路上，我们开车、上班，我们逛超市，我们吃饭、购物，我们有工作成绩，我们有家人朋友……我们明明生活在世界之中，怎么可能分离？如果我们和世界是分离的，那么那个生活在世界之中的人又是谁？不管"他（她）"是谁，那个人一定不是我。这么说来，至少有两个我：和世界一起的一个我；和世界"隔岸相望"的一个我。

4

这两个"我"中，一个是"真自我"，一个是"假自我"。

"真自我"是围绕着自己的感受而构建的。"真自我"是先天具足的，如果没有外界的阻拦，"真自我"具备发展的先天优势。

所以在孩提时期，"真自我"经常会出来，却很少是大人期待的样子。比如"真自我"经常的表现是不受教。所谓的"不受教"，其实正是不受"别人的教"。既然"不受别人的教",那么多半就是在按照自己的想法和感受行事。可惜的是,并不是每个人的"真自我"都有机会发展。

"假自我"是围绕着别人的感受而构建的。孩提时期,一些人特别典型的一种状态就是"小大人"。那些言谈举止和自己年龄不相称的、过早懂事的孩子,隐藏起本来和孩子的身份相匹配的种种想法和行为,做"懂事"的孩子,按照大人的意思来做事情的时候,他的"真自我"就已经被湮没了,取而代之的就是"假自我"。

如果在"自我"形成时期,"真自我"一再被打压,"假自我"不断发展、日益壮大,久而久之,生活中就是"假自我"在生活。

"假自我"占据生活的主角,我们一直在围绕别人的感受去思考和行动,我们和世界就会是隔离的。

5

那么,为什么"假自我"会过度发展,甚至挤压掉"真自我"的地位?

很多父母对孩子都有着天经地义的"霸权主义"。父母对孩子的"霸权主义"几乎是天然的。

弗洛伊德说，从精神分析诞生之后，父母打孩子就不再有理由。他认为，父母打孩子还声称是为孩子好，明显是在掩盖潜意识里的恶毒。然而，这还远不是全部。父母的"霸权主义"是恨不得深入到孩子的心里和灵魂里的。

比如父母最喜欢说的希望孩子"听话"。"听话"背后的隐喻很多。比较好理解的，父母所谓的让孩子"听话"，就是希望孩子"听父母的话"，而不是"听孩子自己内心的话"。因为听父母的话，这样的孩子比较好管、比较省事。

除此之外，让孩子"听话"的背后还有很多我们不太熟悉的原因。比如，一个言听计从的孩子还可能用来满足养育者心理上的某种需求。这种情况多发于当养育者在家里没有地位时，他（她）会倾向于培养一个对自己言听计从的孩子，这样一来似乎自己的地位就获得了提升。

但是，无论出于什么原因，养育者和被养育者的地位显然是不平等的。在地位并不平等的条件下，为了生存，被养育者只能发展出一个围绕养育者而生的"假自我"来迎合养育者。长此以往，"假自我"就会无处不在、无孔不入，以至于"真自我"根本没有空间安放，没有机会表达。

久而久之，"真自我"即便不会消失，也没有发展，而是被掩盖到非常深的地方。以至于长大后，哪怕我们有意去找，都很难再找出来。

比如，常见的现象就是很多人好像做什么都"无所谓"——没有什么爱好，不知道自己想要什么，不知道自己喜欢什么，周末不知道做什么,不知道自己爱吃什么,什么都是"随便",别人塞给自己什么就接受什么……这些都是"真自我"不在的表现。

一方面是"真自我"的空间被挤压,另一方面是"假自我"在外界的占据和鼓励下日益茂盛。这样的悲哀是,这个模式不断被强调,于是我们一直都在自动寻找别人的感受,并围绕着别人的感受转,为了别人而活。

既然为了别人而活,不是为了自己而活,那么无论活成什么样,外面的世界多么活色生香、异彩纷呈,我们都不会有"真正开心"的感受,因为这跟你没关系,这就是"身心分离"。

6

"身心分离"的概念是英国精神分析学家莱茵提出的。他说,有"真自我"的人,身体和自我是一起的,身体忠于自我;而有"假自我"的人,身体和自我分离,寻求与他人的自我结合,因此更容易为他人的自我所驱动,而不是为自己的自我所驱动。

"假自我"越强大的人,越容易被别人的感受占据。因为,这类人没有"真自我"的内在,内在是空的。既然人的内在是空的,别人的想法和感受就很容易长驱直入,占据这类人。

这是何等的悲哀。人想开心而开心不起来,即便郁闷,也不会知道原因,永远不会有"真正在活着"的感觉。

7

解决问题的方法是：破除身心分离，建立"真自我"，按照自己的意愿去生活。也就是说，在生活中我们要自己说了算，而不再是为了迎合其他人。

如果我们几十年的生命中，长期以来一直被"假自我"占据，那么我们在尝试去解决问题的时候，可能并不容易。我们大概会遇到两类问题：第一，不知道自己的喜好是什么，难以做选择和决定；第二，长期不做决定，万一错了怎么办？

针对这两类问题，我们不妨这样去尝试：

首先，先从点滴小事尝试去做决策。

比如，我们自己尝试去决定今天晚餐吃什么，周末是窝在家里还是出去和朋友聚会，下班是去健身还是回家等。

之所以从点滴小事做起，目的有两个。

相比于大事，点滴小事更容易做出决策。因为越是具体的小事，做决策时需要的决策支持可能越少，这样思考的路径更短，相对来说也就更容易。比如，决策"晚上吃什么"明显就比决策"我的职业生涯如何选择"更简单。

相比于大事，小事的决策后果我们更容易承担。长久不做决策的我们，在尝试做决策的时候，非常担心决策会失误。决策失误带来的后果很多，除了结果本身之外，还会影响我们下次自己做决策的信心。所以，从小事做起，最小化"如果做了错误决策"带给我们的影响，更加有利于自我激励。

其次，去发现自己的兴趣和喜好到底是什么。不是按照所谓的"是否应该""社会要求""父母期盼"去选择。有的时候，我们自己的偏好其实是没有道理的，它很可能只是"我不知道为什么，我就是喜欢这个，不喜欢那个"。这是因为，在我们理性地做出判断之前，我们的感受已经更快地处理了信息，并得出了结论。这就是出自本能的喜好。先尊重自己的感受，再看到底是为什么。

最后，学会去承担责任，无论是小事还是大事。毕竟，我们作为成年人，应该去承担起自己主动选择的责任。承担责任当然不容易，但是我们会发现，相比于承担责任而言，能够按照自己的意愿主动做选择的感觉，简直太好了。

如果我们能遵照自己的感受和意愿去生活，没有人能保证我们一定会过得多成功，但是那个时候"是否成功"已经不重要了，因为我们的内心已经充满生机、能量和喜悦，我们终于能够拿回生命的主动权。

和朋友发生冲突，这段关系就死了吗？

很多人不敢和别人发生冲突，背后的原因是害怕冲突之后，不知道怎么相处。尤其是那种冲突之后还必须要相处的情况，比如同事之间，毕竟抬头不见低头见，工作还要来往。

我们以为怕发生冲突是面子问题，背后其实大有原因。

1

来访者晓月的主诉是情绪问题——轻度焦虑。

每种焦虑的背后，其实都是有原因的，但是这些原因往往伪装得很深。我和晓月沟通了几次，终于发现她焦虑背后的原因。她的焦虑跟她的一位昔日的朋友、如今的下属有关。

她的下属人很好，工作很认真，也很努力，就是特别敏感，有一颗玻璃心，稍不注意就会被刺痛。因此，晓月在照顾这位下属的情绪方面向来倍加小心，但是即便这样，下属还总是动不动就要找晓月"谈谈"。比如下属觉得同事交接工作的时候对她不够尊重，某项工作不应该是她负责却要硬推给她，跟别的部门的同事冲突了觉得很委屈，某个同事早上没那么热情洋溢地跟她打招呼，就觉得人家针对她……

晓月不胜其烦，但是忍了。有一次，这位下属看到晓月桌子上的早餐是前一天的，直接把晓月的早餐给扔了，说是吃隔夜的不好，导致一大早就要开会的晓月饿了整整一上午。

晓月很不高兴，但是那个下属看晓月不高兴竟然紧跟着更加不高兴，觉得晓月不知好歹，好心被当成驴肝肺。晓月真的想跟对方大吵一架，你凭什么动我的东西？动我的东西为什么不跟我说一声？但是，晓月又忍了。

晓月小心翼翼，隐藏了所有的情绪，就是为了照顾到对方以换取相安无事的局面。久而久之，因为长期的压抑，晓月的情绪出现了问题。

2

晓月之所以情绪低落，是因为她没有让自己的情绪得到充分表达。反过来，如果她不那么压抑自己，她的情绪得以顺畅地流动，她就不会出现情绪问题。可是，不压抑就意味着表达，表达往往就意味着冲突。

"你可以直接跟下属表达你的想法吗？"我问晓月。

"当然不可以！"晓月说。

"为什么？"我追问。

"我表达了，她肯定就被刺激到了，会反击我，我俩就会吵起来。"

"吵起来会怎么样？"

"我不知道怎么收场啊，毕竟以后还要相处。"

不知道怎么收场，不知道怎么相处，所以问题是卡在——不知道如何和解。

3

我们中国人特别注重面子问题。我们认为，最好没有冲突，也就是所谓的不要"撕破脸"。所以，即便我们看对方已经非常不顺眼了，但是还是会选择隐忍。

不能忍了怎么办？不能忍就隔断联系，老死不相往来。所谓"惹不起，还躲不起"嘛。所以，很多朋友之间明明相处得挺好，但是因为一点不愉快就开始渐行渐远,直到最后"绝交",都没有发生过当面的冲突。

这是很矛盾的。我们往往很在乎彼此的这个"不愉快",同时又选择只字不提。我们心里的某个角落似乎在告诉我们:一旦把"不愉快"拿出来说就会争执,发生冲突。冲突了,这段关系就完了,不可修复,是不可逆的。

那么,为了维持表面上的皆大欢喜,我们做了些什么呢?隐忍,克制。在隐忍和克制的过程中,我们的"自我"中真实的一部分被不断压抑。

如果在一段关系中,真实的一部分自我始终保持不断压抑的状态,那么这段关系不算是好关系。它只能是浮在表面上,承担了某一部分社会功能的关系,比如说同事关系。稍微需要一些深度的关系,在这种状态中都无法发展。因此,只有经历冲突,才可能建立一段更深入的关系。

我上大学时,有两个关系特别好的男性朋友,他俩之间最开始的时候,就是通过"打了一架"才成为铁哥们儿的。我和关系瓷实的朋友也吵过架,又和好,关系才更深入一步的。

在冲突的过程中,我们都以一种比较激烈的方式(当然,最好是比较温和的方式,比如可以平静沟通彼此的想法,而不是争吵)非常坚定地表达了彼此的需求和界限,这让我们可以在这段关系中做自己,同时又能真实看到彼此的存在,我们的关系才开始流动。

这就需要和解的能力。

4

有能力和解，会和解，是一种特别重要的品质，背后有着很强的心理动因。

和解，指的是在关系中的和解。所以，谈到"和解的能力"，就需要看到关系中的三个要素：我们自己、对方以及我们与对方一起构建的关系。

和解能力的背后是：你相信自己是结实的，对方是结实的，你们的关系也是结实的。

相信对方是结实的。

我们不相信对方的心理能够承担你的真相，所以我们才委屈自己。但是，在一段健康的关系中，对方就是要足够结实，可以接受真实的你。否则，关系从何谈起呢？即便能够建立关系，这段关系也显得有距离，有隔阂。

比如，我们和父母的关系。有的时候，我们总觉得自己和父母好像"隔着什么"，那是因为我们总是"报喜不报忧"。为什么会这样？因为我们不相信父母足够"结实"，可以接受真相。

相信我们自己是结实的。

这里指的是，我们不会被对方的反应击碎。对方的反应，包括对方的真实表达，对方和我们不一致的行为和表现，对方和我们的差异，甚至对方的"攻击"（人与人之间，常常是涌动着"攻击性"的）。

比如吵架之后，我们能够不心存芥蒂，好像对方跟我们不一样,我们就要"记仇"一辈子;对方对我们有微词,那么就是对我们的全盘否定……我们自己要足够"结实",才能让我们在冲突发生后,有能力和对方去谈一谈,了解清楚发生了什么以及彼此的想法和感受是什么等问题。这就是和解的能力。

相信我们的关系是结实的。

我们可以吵,但是我们仍然是朋友。我们的吵架是两个朋友在吵架,我们可以讨论有分歧的地方,这不妨碍我们仍然是朋友。这不是天塌下来,不是走到了绝路。我们只是吵了个架。

比如,在很多亲密关系中,有的伴侣之间吵架,他们会觉得:"即便我们会吵架,但是我们并不会轻易分手",也就是说,他们的关系不会轻易破裂。这就是在他们更深的意识中,这段关系是结实的。而有的人可能相反,关系中的任何"风吹草动",似乎都指向了分手。这就是不够结实的关系,当然,这也提示了关系中当事人的不安全感。

在一段结实的关系中,我们越是表达自己的想法,就会更有安全感,更加不会害怕冲突,也能充分伸展自己的舒适空间,做真实自在的自己。

如果关系中的两个人都能做到这样,我们的关系才能真正流动起来。所以,"冲突"并非洪水猛兽,也许"冲突"在帮你筛选哪些是你真正的朋友。

拖延=懒？

1

我的一位来访者来自一家互联网公司。2020年因为疫情，来访者所在的部门被整个裁掉。我的来访者在拿到一笔很可观的补偿金的当天，就订了去旅行的机票，回来之后并不着急找工作，决定好好休息一下。

怎么休息呢？就是不给自己做任何安排，想干什么就干什么。结果这位来访者在这种框架思想的指导下，结结实实躺了三个月。

可是，躺了三个月之后的来访者还在继续躺着。他离不开那张床。他并不是真的什么都不想干，而是处在持续拉锯的心理活动中：睡醒已经十点了，那就去吃一顿丰盛的早午餐吧！要么再睡会儿？要么看一会儿剧再出门吧？这么一拖，再看表已经下午两点了。

或者：想去见朋友，上周推到这周，这周推到下周；想去泡温泉，想想还要收拾，好麻烦，要不算了……

从一天的安排到一件具体的事情，每件事情都在拖延。他觉得，拖延症毁了他"半场休整"的计划。他自己想象中的休息是这样的：让自己沉浸在书的海洋中，和朋友畅聊，或自己沉静思考，总之，应该是虽然留白或许也慵懒，却很充实的一个阶段。现在，这些全成了水中月镜中花。因为想做的每一件事，都被他的"拖延症"生生给拖黄。起不来床，出不了门。他觉得自己病得很严重了。

2

很多人都有拖延症。

但是，当我们在一个规则世界中，拖延症似乎不会那么明显地爆发。因为规则世界有规则的边界，这些边界会限制我们。比如，工作会要求我们九点钟上班要打卡，下午两点要开会，周四下班前要提交文案，周日早上八点要送孩子去补习班。这些规则的限制，掩盖了我们的拖延症。

这种情况下，我们纠结更多的是上班打卡总是踩着点或者晚五分钟才起床；提案不到最后一刻不提交；去送孩子上补习班明明六点半起床可以妥妥的，非要七点起床，然后在路上冲刺那几个红绿灯。

这也是拖延症。

自己一边拖延，一边痛恨自己为什么拖延，然后下次继续拖延。就这样，好像"我身由人不由我"，根本管不住自己。

到底为什么会这样？

拖延症是一个非常经典的心理学现象，背后的原因也是错综复杂，比较常见的，有这么四个原因。

这件事，并不是我真正想做的，只是我觉得"应该"去做的。

我们觉得做一件事是对的，是"应该"要做的，但是却不是我们真实的想法，我们没有真正的心理动力。

比如上班。很多人对上班并没有热情，也谈不上实现什么个人价值，这些只是面试时说给面试官听的。自己真正的想法其实是为了养家糊口。我必须要赚钱，所以必须上班。因此，每天早上，在床上多赖一分钟都是好的。

再比如说，我的这位来访者自己幻想的"读书"。他不是一个喜欢读书的人，但是一段不工作、长时间的空白期，如果还不读点书，那么他自己都觉得"天理难容"。所以，读书、和朋友畅聊、思考人生都是为了应对自己"不工作空白"带来的"无意义感"而被硬塞进去的事，是他自己认为"应该"做的事。那么，他不会有动力走进书店。

你拖延，很有可能是因为你并不是真正想做这件事。

拖延，因为纠结。

我们的头脑中，经常会有很多不同的声音。这个一句，那个一句，想这样又想那样，不知道听谁的。从心理学角度说，纠结源于我们从小到大的成长过程中，有很多"权威"出现并且提出过各种要求。时间长了，每个"权威"都成了我们头脑中的一个"小人"。

潜意识是没有判断的，它只是牢牢记住了曾经出现的各种要求。因为你一直以来在致力于满足不同的要求，长此以往，所有这些"权威"的想法，就逐渐内化成了你自己对自己的要求。长大后，你误认为是你自己的各种想法在互相缠绕较劲，好像真的是你又想这样，又想那样。去还是不去？行还是不行？换还是不换？吃还是不吃？要还是不要？

我们沉沦在这种不断拉锯的心理战当中，消耗的不仅仅是时间，同时也消耗掉我们很多能量，让我们动弹不得。

就像我的来访者，躺在床上1天、2天……100天，时间就这么过去了，他根本起不来床。

固化的某种模式，不想轻易改变。

一旦形成一个固化的习惯或者模式，我们就习惯于依照这个轨迹运转，不想轻易改变。任何打破模式的行为，都要耗费巨大的能量。

比如有的人在一个地方上班，就只吃写字楼旁边的这三家馆子，虽然周围可能有三十家。

再比如，工作日你每天都是两点一线，上班、下班回家。今天，你忽然被告知，周三晚上一个老同学要到你所在的城市出差，你很可能觉得很麻烦而不想去。因为，这打乱了你本来固定的时间安排。

用不做来逃避失败。

朋友找工作，一拖再拖。他本来设想的是，从三个渠道同时并向进行：第一个是找圈子里的资源，让熟人给介绍；第二个是通过猎头公司给推荐；第三个是网上"撒网捕鱼式"地投一批简历。

从 2019 年元旦时，他就说要开始行动，不知不觉拖到了春节，春节回来说要么等 3 月份，就这样，到现在为止什么都没做。

家人说他太懒了，其实并非他懒，他只是怕失败。

为什么做一件事情会拖延，背后的原因之一就是惧怕失败。潜意识里的台词是如果我不做，那么失败就不会发生，那么在我心里我还是那个成功的人。不去做，就不会打碎自己全能的梦想。

3

任何行为的背后都有意义，它们都在试图告诉我们一个真相。哪怕让我们恼火的拖延症也是如此。

很多人觉得自己拖延症晚期，罪魁祸首就是"懒"，其实拖延的背后绝不是"懒"。那么，我们要如何来应对自己的拖延症呢？

找到你真正愿意做的事情，而不是"应该"做的事情。

我们说过,"应该"做的事情往往看起来是对的,但是因为不是我们真正想做的,我们就会缺乏动力。很多人会有一个误区:认为只做自己"想做的事",往往就会被认为"不务正业",甚至认为自己想做的事一定只是"吃喝玩乐"一类的。其实,这个想法本身正是因为长期以来,我们并没有空间给自己真正想做的事,以至于一旦有喘息的机会,我们就真的只是想"吃喝玩乐"。事实上,如果你真的足够照顾到自己"真实的需求",你真正想做的事情一定有很多,而且是有价值的事情。这些才是值得我们去挖掘的。

制订计划。

生活中,除了一些我们自己的"空余时间"是可以自由支配的之外,工作和生活中很多事情,仍然是我们"不得不"去做的,比如上班、完成工作、交电费、洗衣服等。对这部分"我们不想做"但是又"不得不做"的事,为了不让拖延影响到我们实际的"刚性"生活,我们就要针对这部分制订计划,并且严格按照计划去执行。至于我们拖延的需求,可以放到这些硬性计划之外的事情中去安置。

分解目标,降低要求。

越是拖延,我们越是在某些时刻"痛定思痛",然后立下一些非常远大的"flag",比如我要一个月瘦20斤、我要晚上不吃饭、我要每天跑步5公里、我要每天坚持学习等。但是,因为这些目标"太大",我们往往根本没有开始实现这些目标的动力。因为只要我们想一想,就觉得好累好辛苦。而且在实施的过程中,一旦有一次拖延我们就容易"功亏一篑",然后迅速演变为"彻底放弃"。这种"放弃"的感觉,又会反过来加重我们对目标的恐惧,从而加重我们的拖延。

针对这个问题,我们取而代之的方法是——不立大目标,而把大目标分解成一些小目标。比如我并不需要每天跑步5公里,取而代之的是我只要让自己每天换上运动鞋、登上跑步机,就算成功了。这些小目标因为很好实施,也很容易坚持,降低了我们对目标的恐惧。

及时奖励。

当我们用尽了力气,终于让自己行动起来,做了一件"有价值"的事情后,要马上给自己奖励。这个奖励有两个特点:第一,就是"及时""马上"满足自己;第二,这个奖励一定是能给自己带来巨大满足感的。

这样做的好处是:长期坚持这样做,我们的潜意识中会把去做这件"有价值但是自己可能不太喜欢"的事情,和"我们给自己的及时奖励"带来的"快感和满足感"紧密结合在一起。这样似乎就形成一种绑定的感觉——我在做了"这件有价值的事情"之后,我就可以获得一种"很爽"的感觉。

以上这些步骤,我们不需要全部同时操作起来。同样的,我们不给自己设置太高的要求,我们只需要从哪怕一个步骤先慢慢做起,就非常好了。记住,你并非天生拖延。

晚上不睡，早上不起

1

朋友 Ada 从事互联网行业，是"晚睡晚起"的"重度患者"。她知道熬夜对身体必然不好，尤其是她这个年纪，何况白天还有堆积如山的工作，开不完的会……可是，每每一到晚上，所有这些道理都抵不过深夜追一部剧带来的快感。每当夜深人静、自己沉浸在影视剧的剧情中的时候，那种愉悦和满足是无可比拟的。而这时，所有的道理都显得那么苍白，一切的理性全部失灵。

这是我的朋友，也是我们每一个人吧。

一次聚会，聊到晚睡这个话题，大家都说晚上是舍不得睡。夜深人静，我们抱着手机、电脑或者平板电脑追剧、刷综艺、看小说、打游戏、逛淘宝，或者只是停不下来地刷抖音和微博，内容不尽相同，我们却有着高度相似的心境——舍不得睡。

为什么舍不得睡？因为晚上的时间太宝贵了，因为那是属于我们自己的时间。

晚上夜深人静、万籁俱寂，手机里的工作群终于消停了，家里的事情也可以暂时不去操心。工作了一整天，我们才终于赢得晚上这片刻的安宁和享受，并且可以做自己开心的事。这才是难得的属于自己的时间。

2

和晚上不想睡相对的，是早上不想起。这虽然在我们的生活中习以为常，却是一句挺矛盾的话。

单从这句话来看，"晚上不想睡"，一定是因为我们觉得时间宝贵，恨不得增加"醒着"的时间，多做一些事情。而我们能把控的时间，贯穿在从我们早上睁眼后到晚上闭眼前。

那么，如果我们觉得时间宝贵，我们应该很积极地早上恨不得早点起床才是啊。可是，我们不是，我们觉得时间宝贵，但是早上又不想起床。这是不是很矛盾？所以，这里的原因只有一个：晚上的时间和白天的时间，同样是时间，对我们来说意义却不一样。

有这么一句话：叫醒我们的是梦想。梦想可能有点大，不是每个人都找到了，可是至少我们愿意醒来，一定是因为即将开始的一天对我们是有吸引力的。那么，反之亦然，我们不愿意醒来，是因为醒来后要做的事情，即将开始的一天，对我们来说是没有吸引力的。

其实，说什么懒不懒、爱不爱赖床、有没有自控力，说白了就是与起床要做的事情相比，躺在床上更有吸引力。这对于晚上不想睡也同样适用——与睡觉相比，熬夜做的事情更有吸引力。

3

那么，白天我们都经历了什么？来看看我的一位已经做了妈妈的朋友的描述。

她早上根本不想起床，因为起床之后全是责任：先要和小孩斗智斗勇、软硬兼施地把孩子从床上拉起来；再检查孩子上学要用的书本文具；然后再收拾自己……

她以这种战斗的情形开始一整天的生活，继而就是面对上班的"糟心事"，复杂的人事斗争，永远已经时间紧迫和困难重重的项目推进……然后，一天下来，从公司下班，回家里上班，辅导孩子功课或者陪玩，和公婆偶尔会有的摩擦，和丈夫偶尔会有的冷战或者激战……

这就是她白天的生活。

也许我们已婚或者单身，有娃或者没娃，可是作为普通人，我们的生活恐怕都大同小异，那就是白天的生活被意义和责任填满。

看看这一整天的生活，谁能有动力离开那张床？

所以并不是我们不起，是我们没有动力起。我们白天的时间，基本上是被所谓的"正确的道理"填满了。

4

可是，这些所谓的"正确"，到底是谁规定的呢？很多时候，我们明白的所谓的"正确"的道理，不是我们自己的道理，而是外部世界灌输给我们的道理。

外部世界包括哪些？所谓外部世界，主要指的是不同时期我们所面对的"权威"。比如儿时的父母，学生时代的老师，或者社会主流价值观告诉我们的"是非对错"。

有一次周末，我在书店看书。旁边一位妈妈带着孩子也在看书，孩子大概也就一年级，两个人一坐下就争执了起来。原来，孩子拿了一本漫画在看，妈妈看到了，就在教育孩子：我们说好了来看书，你看这个书算是看书吗？你要看《十万个为什么》，你要看知识书。孩子极不情愿，但是又没有公然反抗，只是嘴里小声嘟嘟囔囔，然后闷头，依旧抱着手里的漫画不放。妈妈当然不肯罢休，又发起了第二轮攻势：咱们不是在家说好的吗？过来看书要看有意义的书，你说是你自己去拿，还是我给你去找。这个时候，孩子默默起身，乖乖抱了本《十万个为什么》回来。

这就是所谓的"正确"。久而久之，我们把外部权威强加给我们的东西当成自己的东西，并且逼着自己去执行，我们的生活就开始变得没有乐趣，我们甚至变成行尸走肉。因为，我们所做的事情并不是我们真正想要做的事情。

5

为了改变这个"坏习惯"，我想，我们都做过很多努力。比如，逼着自己晚上早点睡，早上早点起。可是，一般来说，这种做法需要我们耗费极大的毅力，而且收效甚微。

可是问题来了，仍然有人每天规律生活，甚至早上恨不得早点起床，开始新的一天。而且，似乎看起来并不需要付出什么极大的毅力。

解决问题，永远是"疏大于堵"。解决"晚睡晚起"的问题，最好的方法不是逼着自己"早睡早起"，而是找到自己真正的动力。

比如，我的来访者小武，他的主诉就是"晚上睡不着，日夜颠倒",并伴随焦虑。他在找到我做咨询的时候,已经不再工作了,不仅没有工作,甚至可以一两个月都不离开家,生活起居全靠父母照顾。后来在咨询中,我们不断探讨,才发现他"晚睡晚起"的原因是,他确实已经失去生活的动力,因为他的生活已经彻底被父母"控制"。

原来,他在大学的时候曾经热爱健身,毕业后一度想从事这一行,但是父母强烈反对。在父母的观念里,健身似乎不算是稳定、正式的工作。因此,父母帮他找了一份坐办公室的文职工作。结果工作了一年,他就因为越来越严重的"日夜颠倒和情绪问题"辞职。

因此,看起来所谓的"情绪问题"的背后,其实是他对父母的"被动攻击"。因为父母忽视了他的意愿,把父母自己的意愿强加给了他。他虽然无力直接反抗,但是他的潜意识选择了用这样的方式,对父母实施被动攻击。而当他的个人爱好重新被提出来的时候,他的动力才开始生出。

找到真正的动力,就能把"晚上不想睡"的那个动力,转化为"早上恨不得早点起"的动力。因为,我为自己而起。

安全感不足，
你焦虑真的是因为穷吗？

1

我曾经在电视上看到这样一个案例：男人一个月挣两万多，但是女朋友买内裤只能买十块钱三条的，女朋友想买二十九块钱一条的他不同意；女朋友逛街，看上的毛衣一百多块钱一件，女朋友买了两件，他说女朋友败家；他们去看电影，只能去社区看那种一周放一次的免费电影，他认为去电影院花钱看简直就是浪费……

他对女朋友说，内裤穿在里面，谁会拉出来看是什么牌子、什么质地？谁会在乎内裤到底是真丝的还是纯棉的？买贵的，这不是花冤枉钱吗？

他的女朋友对他的这种消费观念和生活理念不能接受；她对感情无奈，不想放弃，但又无可奈何；她心疼自己，更心疼这个男人。

男孩子不是坏人。男孩子很勤奋，一天打三份工：早上卖早点，白天做销售，晚上去酒吧驻唱。男孩子对自己女朋友是抠，但是他对自己更抠。他自己的内裤只买五块钱两条的；只穿五块钱的大裤衩、十几块钱的大T恤、三十多块钱的鞋子，一身衣服不超过五十块钱；他买了车，因为油费贵，舍不得开……但是他并不是不爱女朋友，他只是因为从小家里穷。

吃鱼，鱼肉一口都舍不得吃，给女朋友吃，自己只吃馒头；女朋友家里出事了急需用钱，男孩子马上把攒的五万块钱拿出来……

2

我的父母也是这样，在那个年代，他们被生活境况驱使，一直要攒钱。

我小的时候，周围小朋友都有零花钱，只有我没有。每当放学，学校门口的小卖部被同学们里三层外三层包围的时候，我注定只能是小卖部门前的过客;从小到大,父母只给我买过一个玩具,这件玩具,从我记事起一直陪我到上小学。我们没有任何娱乐活动,逛公园,一年能去一次就不错了;至于买新衣服,一年就只有过年能买一次。

父母对小孩抠,对自己更抠。从我有记忆以来,我家吃不完的菜,向来都是被我爸妈倒上热水、冲成汤喝掉的,因为每一滴油、每一粒盐,都是他们辛苦工作挣来的,他们舍不得扔。

有一年过年,我爸好不容易斥"巨资"买了一件皮衣外套,那是他毕生最贵的衣服。这件皮衣他一穿就是二十年,而且只有过年才舍得拿出来穿。我给他买的新衣服,他一直放在衣柜里。

无论是这个男孩,还是我的父母,他们有一个想法是一致的:因为曾经经历过太穷的日子,所以时刻都有危机感,希望自己的每一分钱都存起来,以便应对"不时之需"——这是穷人永远要给自己留的退路。

钱不是万能的,没有钱却是万万不能的,钱给了我们最基础的安全感。走出了钱的桎梏,才能谈理想、梦想、个人实现、人生的意义,谈我们对世界的贡献。

在马斯洛需求理论中,生理和安全需要,是最基础的需要。

因为我们曾经经历过穷困的恐惧,这种恐惧,有一天会内化成我们的潜意识。此外,我们的父母、我们父母的父母可能也是这样,这就是家族的潜意识。

家族潜意识+个人潜意识,足以把一个人牢牢地困住。所以,穷人只能一直活在恐惧之中。

3

因为穷给我们造成了恐惧，又因为恐惧的内化，反过来制约了我们发展自己、享受生活。等到有一天，我们其实已经不穷了，可是我们的心里还是穷的。我们还认为，是钱制约了我们的发展。

我的一位朋友，十年前就立下"flag"：穿越318国道，去西藏。

十年前，刚大学毕业，他开始攒钱。这一攒就是十年，到现在，他仍然没实现去西藏的想法。

其实，钱只是替他背了个锅。他不缺去一趟西藏的钱，可他就是觉得自己没钱，好像走318国道去西藏是一件需要万贯家财才能实现的事。

就在他攒钱的过程中，他的一个大学同学辞职了，拿出了两个月的时间，背着睡袋，住着青旅的床位，骑着自行车完成了318国道的穿越。那位同学甚至还从八廓街批发旅游纪念品，到住的青旅门口倒买倒卖，以此来贴补点旅行的费用。

旅行当然需要钱，但是如果只是想去而不实现，你永远也不会到达想去的目的地。想去就去吧，无非是你有多少钱就住什么样的地方，选择什么样的交通工具。

4

因为没钱，我们无法过上自己想要的生活——这是我们对生活最大的误解之一。

阻挡你的从来不是金钱，而是你自己。我们所有那些现在实现不了，以为有钱就能实现的东西，等我们有钱了，我们也实现不了。

我在香格里拉偶遇一对学艺术的情侣。他们当年在川藏线认识，现在生了两个孩子，带着两个孩子周游世界。他们把生活过成了别人梦想的生活。

我们顾虑很多，除了钱，还有工作、孩子的教育……

只是，我们关注了这些顾虑，选择了现在的生活；有的人并不在乎这些顾虑，选择了另外的生活。所以，这不是钱的问题，是理念的问题。

5

既然知道了这一切，我们就要寻求改变：向更好的方向改变。纵然，改变注定很难。

当物质不再匮乏的时候，我们理应将自己推向更高的层次，不要让物质的匮乏彻头彻尾地控制我们，最终让我们不仅不能舒服地生活，还让我们的思想也越来越匮乏，越来越落后。

就好像这个一个月挣两万块钱，却说"内裤这种别人看不到的东西，买最便宜的就可以"的男孩，一个月挣百万又如何？

金钱观念的改变，并不是意味着简单粗暴地花钱。花钱谁不会？而是改变过去只能一心"存钱"的旧观念，可以尝试：

让自己在能力范围内，过得更舒服一些，提升自己的生活品质；更好地去配置自己的财富，合理分配投资与消费，主动收入与被动收入，短期投入与长期回报；意味着我们可以多去学习一些理财的理念、方法和工具，做好金钱的投资，让金钱增值；还意味着，我们可以投资自己，多学习多提升自己，让自己做一个有意义并且有意思的人。

6

从前总说，一个家族的崛起，需要三代人的努力。这三代人的努力，包括的不仅仅是物质、财富、资源、人脉的积累，其中更重要的，还有一个家族眼界、平台、胸怀和认知的积累。这其中也包括潜意识潜移默化的改变。

如果说，人真的有"命"和"运"。倘若"命"是天定的，那么你怎么去做，怎么去发挥自己的主观能动性，改变已经发生的一切，那就是一个人的"运"了。"运"就是自己努力的结果。

金钱无罪，它是一种资源，经济学上讲它是一般等价物，一种我们可以和这个世界去交换的媒介。让我们用金钱去与这个世界交换更多的精彩。用金钱让我们更舒服地活着；用金钱让我们与这个世界深度交流；用金钱让我们的灵魂也富足起来。

死亡焦虑：
一切焦虑的源头

1

我的一位来访者最近告诉我，每当她很开心、很焦虑或者放空的时候，经常会有一些关于死亡的意向跑出来：爸妈、孩子、老公或者自己，遭遇各种各样的意外（不可抗力）死了……

对于我的这位来访者而言，这些死亡意向对她的意义是：

攻击性的被动表达。她本人是一个非常好相处、非常随和的人，虽然老公在家里总是显得"永远正确"，而且经常"指导"她的工作和生活安排，但是她从不跟老公吵架。不仅对老公，对朋友、同事她都是这样。在这部分，死亡的意向（而且是不可抗力的意外）就是攻击性的一种被动表达。

对于不同人的死亡，有不同的感觉： 爸妈＝失去＋解脱；老公＝解脱；孩子＝失去；自己＝总是担心有不好的事情会发生。

"各种意外会带来死亡"这样"终极坏"的结果，说明外部世界恶意重重。外部世界恶意重重，在来访者身上还体现为依恋的失败。比如她和父母从小就很疏离。现在父母过来帮忙给她看孩子，每天和她生活在一起，但是"井水不犯河水"，她没有什么感觉。没什么感觉也是一种防御，说明来访者隔离了自己的感受。

对于不同的人，死亡具有不同的意义和指向。死亡的背后，代表的东西很多。

2

我们在出生时就开始靠近死亡，终点从起点就已经开始。

中国不注重死亡教育。白岩松曾经在他的书《白说》中讲：面对死亡，我们还在小学生阶段。他曾说到过中国式葬礼，就包括很多让人难以理解的矛盾的东西。白岩松说，在宏大的葬礼上，一边哭天抢地、悲痛欲绝，一边打麻将、大吃大喝，场面充满戏剧化的冲突。你并不知道，这群人到底是悲伤还是高兴，而给予亡者真正的平和、悼念、告别与思念，只能是偷偷藏在心里。讨论死人也是不吉利的。

大场面的葬礼后，真正悲痛的人往往无法释怀。需要多年甚至余生所有的时间,在不被允许公开讨论、没人可分享的氛围里,一个人独自消化亲人离去带来的伤痛、对亲人的思念、对死亡的恐惧,以及死亡带给我们的,关于生活和生命那些"不吉利"的感悟。

而事实可能让你更加无法释怀。我们每个人都会死,世卫组织 2019 年的数据显示,中国男性平均寿命 74.6 岁,中国女性平均寿命 77.6 岁。虽然随着社会的进步、科技的发展,这些数字肯定会不断增大,但是,我们的人生是切切实实在倒计时的。

3

心理学家欧文·亚隆曾经在他的《妈妈及生命的意义》一书中,对死亡有着客观、真实又让人惊觉的描述。

亚隆先生在 20 世纪 80 年代,曾经组织并参与了一个临终关怀项目。即便在西方世界,在那个时期,临终关怀也是很少见的项目。

他招募到的第一位成员,后来成了这个临终关怀组织的灵魂人物:一位乳腺癌晚期并已经扩散的患者。

在这个组织中,他们发现,当生命都即将离去时,一切的奋斗、意义和目标都像笑话一样,没有任何作用。

这个组织成员的招募显得十分困难。因为绝大多数确定自己即将面临死亡的人,分别处于两个极端:悲观绝望与及时行乐。

处于这两个极端的人,都透着被动、无奈与放弃。

最让亚隆震撼的是,他招募的第一位成员,在第一次见到亚隆时,曾这样自我介绍:"我,癌症晚期,已经扩散,内脏该切的也都已经切了。但请不要把我当成一个病人。病人是一个标签,意味着人们不再跟我说实话,意味着我被怜悯,玻璃心,很脆弱。

"我最受不了的是,明明诊断的结果已经昭然若揭,我自己也有心理准备,我多么希望能听到一句实话。但是,每个人都出于善意在隐瞒我。医生明明拿到诊断结果,却要避开我才说的时候,家人明明很难过,却在我面前故作轻松的时候,我觉得好孤独。

"天知道当时的我心里更怕,我多么希望能有人跟我聊聊。现在,我知道自己的病情,知道自己时日无多,但是我更有力量。我认识到,我确实已经进入人生一个全新的阶段,这个阶段很多人不喜欢。我仍然是一个普通人,请不要把我当成一个病人。

"我知道这很难,但是我心里的某个地方竟然在告诉我,这样做是对的。"

医学上将临近死亡这个特殊时期分为几个阶段:崩溃、抗拒、愤怒和接纳。亚隆不接受这种分类,他认为,这种分类本身,就透露着被动和无奈。他坚持认为,在接纳所有以上这一切的基础上,人们的精神领域完全可以做得更多,也完全可以重新赋予意义。

马尼留·蒙田在论述死亡的精辟随笔中写道:你为什么要害怕自己的最后一天呢?那一天对自己的贡献,并不比其他日子更多。最后一步并不会引起衰竭,只是显露出衰竭而已。

最后一次欣赏花开，体验生命即将离开的过程，不否认，这一定有凄凉的情绪，但是它同样是迥然不同的体验，就好像我们来到这个世界上，第一次认识花鸟鱼虫、人生百态一样。我们不应因为即将离开，就忽略那么多珍惜的经历，或者，对这段时光囫囵吞枣般地匆忙划过。

生命的离开和到来一样，都值得人珍惜。

4

无论你是否意识到自己在考虑死亡，很多人的潜意识层面，死亡都占据着至关重要的位置。死亡在生命的表层下持续骚动，并对人的经验和行为产生影响。

欧文·亚隆曾说：死亡是焦虑的原始来源，因此也是心理疾病的根本源头。死亡焦虑可以置换为具体的事情，比如自尊、对某件事情的恐惧等。而且死亡焦虑会蔓延，具体表现为有些人会有"世界是不安全的"之类的想法。

亚隆曾经有一次车祸的经历。

有一次，他在去工作的路上经历了一场车祸，非常侥幸的是他安全无恙。这在当时似乎并没有给他带来什么心理阴影，他觉得自己只是很庆幸，然后继续他的生活。但是从那次车祸起，他发现自己出现了一个问题：之前，他在众人面前演讲时从来不紧张，现在他却非常焦虑。后来他才意识到，是车祸让他无限接近了死亡，从而引出了他对死亡的焦虑。但是死亡焦虑太可怕了，为了防御这种可怕的死亡焦虑，他的潜意识将死亡焦虑置换成了更加容易接受，也更加具体的生活事件：在众人面前讲话的焦虑。

所以，生活中，我们很少会遇到赤裸裸的死亡焦虑，它一般已被一般的防御，如潜抑、置换、合理化和某些只用于处理死亡焦虑的防御处理过。原始焦虑总会转化为对个人害处较小的焦虑，这是整个心理防御系统的功能。因此，强迫、疑病以及各种神经官能症，它们都可能是死亡焦虑的临床表现。

5

也就是说，不管我们是否意识到，不管我们是否考虑过死亡焦虑，死亡焦虑都会持续存在，并且以某一种方式影响我们。

如果我们能更早地思考这个问题，我们就会更早地知道自己到底想要什么，而不会在一些莫名其妙的事情上浪费时间、精力和感情。

举一个例子。我的一位来访者有一个目标，就是开一间民宿。

他承认，他并不知道这到底是不是他的终极梦想，但是至少在当下，他的梦想是这个。而他的困扰是：他要挣钱。因为小时候穷，匮乏感一直伴随着他。挣钱不仅给他安全感，还给他价值感，给他一种社会上认可的身份和地位。他一直的想法是：等自己再多挣点钱，等自己实现财务自由，等自己退休……反正，实现梦想的时间点一推再推。

直到后来,他生了一场重病,卧床养病期间,他无意中看了一本书——《背包十年》。书里的主人公竟然那么直接洒脱,想要去旅行了,就努力工作一段时间,攒够了旅行的钱,就请假或者辞职,上路去旅行。他忽然感到,人生苦短,自己为何不能像书中的主人公一样,按照自己的意愿去生活?

实现理想的时间点不在未来,就在当下。在追逐梦想的过程中,无人可保我们万全,可是那才是我们真正想要做的事。没有人束缚住我们的手脚,没有人限制住我们的自由。自由只掌握在我们手中,只要我们肯负起责任。

于是,他利用他在金融领域长期工作的资源,众筹了一笔钱,在香格里拉开了一间民宿。实践之后,他发现,开民宿并不如他想象中的那么浪漫,也不像他想象中那么困难。但是,这些都不重要,重要的是这是他理想中的生活。

再举一个例子。在央视《开讲啦》节目中,曾经请来这样一个人,她叫韦慧晓。

韦慧晓本科就读于南京大学,毕业后在华为公司任高级副总裁秘书。工作四年后,她放弃年薪百万的工作,跨专业考入中山大学,攻读地球科学系硕士研究生。

她曾经有过军人梦,曾经报名参军,没有实现。但她在34岁攻读中山大学博士生期间,再次报名参军:34岁是特招入伍的年龄底线,如果不报名,她将此生错失这个机会。

于是,她写了一封自荐信,给海军相关部门,信中说,她希望自己能成为一名普通的航母舰员。她的坚定,让她抓住了最后一次机会。

34岁自荐入伍的韦慧晓，因为入伍时间晚、军龄短，相比于本科就读军校的人来说不占优势。但是，这都不重要。重要的是，想做的事要做。

34岁博士又如何，想要做这件事，韦慧晓选择从一名普通的舰员做起。

这种落差在很多地方都存在：34岁，和身边20岁出头的年轻人一起，重新学习航海知识，重新适应舰上生活，重新开始做各种体能训练。

在热爱的事情面前，这些都不重要。今天，42岁的韦慧晓已经是郑州舰的副舰长，也成为了中国海军第一位女副舰长。

6

《从来没有太晚的开始》一书中曾经说，我们不可能一开始就知道自己到底要做什么。不过没关系，我们可以一边去尝试，一边去修正自己的想法，不断立足到当下，看看自己到底想做什么，然后去实现它。

韦慧晓说："我从来不为自己做过的事后悔，我只会后悔，当初想做的事没有做。"

少有人可以像韦慧晓一样，想得那么通透。多数人平凡如你我，都是要经过反复的犹豫、踟蹰、退缩、前进才可以考虑清楚。

所以，有人问：死亡这么可怕，考虑这些干什么？也许是因为：穿越死亡的焦虑，可以帮助我们直抵最初的梦想。

贰

焦虑和原生家庭有关系吗？

你的依恋关系是怎样的？

1

当今社会是一个倡导独立的社会。于是，我们身边越来越多"独立"的人。

无论男女，人们都非常独立，不愿意麻烦别人，也不太愿意被别人麻烦。但是这样就会出现一些问题，比如：都很独立，就显得比较孤立，和别人没有深度连接，很难发展出深度的关系，我们会显得很孤独，并且伴有安全感的缺失。

我的一位来访者就有这样的问题。她找到我，是因为她发现自己很爱自己的男朋友，却没有办法去依恋对方，显得"客气而疏远"。男朋友觉得她不信任自己，似乎显得也不够爱自己。但是我的来访者跟我说,她也不知道是怎么回事。她只是觉得,自己从小到大从来不依靠其他人,因为其他人都靠不住。

独立不是问题,可能有的人依靠不住也是事实。可是,这里的问题是,习惯了靠自己,哪怕当自己想去依靠外界时,也很难做到。处处警惕,内心充满了对外界的怀疑和不安全感,因此不敢把自己托付给外界。这就是依恋障碍。

2

依恋是人的本性。如果一个人在发展过程中没有受到严重的干扰,最后会自然发展出依恋的能力。

那么,依恋关系是如何建立起来的呢?

美国心理学家 M. 艾恩斯沃斯把依恋关系分为四种:安全型依恋、回避型依恋、反抗型依恋和混乱型依恋。

依恋关系的建立源于婴儿和母亲的关系。

母亲是婴儿接触的第一个外界。当带着全能感的婴儿深陷自己不能照顾自己、离开母亲甚至都活不下去的矛盾时,母亲的看到、共情和及时回应,就是婴儿的全部。如果母亲在这方面做得很好,那么婴儿就有一种感觉:外界很好,世界很好,我也很好。

这个时候,随着成长和心理发展,婴儿会自然而然建立起一个很好的依恋关系,也就是安全性依恋。如果做不到这一点,那么取决于母亲能做到的程度，孩子依恋功能的建立就会打折扣。这个时候，我们可能会建立回避型依恋、反抗型依恋或者混乱型依恋。

所以，依恋建立有一个重要前提：就是这个世界是好的。儿时，我们认为母亲是我们的自体客体。如果母亲的这一功能承担得足够好，孩子在全能自恋回落后，会发现真实的自体和真实的客体，并且收获一个"基本是好的"的外界。

3

既然，人的心理在各种条件得到基本满足的情况下，是能够自动发展出依恋功能的，那说明，依恋对人是有价值的。

依恋的价值都有哪些呢？

第一，当我们认为这个世界是好的，我们会更有安全感。

能够形成依恋的前提，本身就是"世界是好的"。所以，如果依恋真的发生了，说明我们已经成功构建起"这个世界是好的"的基本世界观。这本身就很有价值。一旦我们认为这个世界是好的，我们也会更有安全感。

我的一位来访者就活在一种"外界是恶意的"的感受中。这源于从她小时候起，她的父母对她的高要求，比如努力学习。如果成绩是第二名，父母就会说："之前都是第一名，怎么这次下滑了？"如果是第一名，父母会说："别骄傲啊，一次第一不算什么，关键是要保持。"就这样,她觉得外界是一个对她有很多要求的外界,除非她做得很好,否则外界就会抛弃她。工作后,她也是这么认为的。她的工作必须做到很好,否则领导就会对她不满意。甚至交朋友也是要自己先做到"无瑕疵",不能有坏脾气,不能自私,不能任性,否则也会被朋友抛弃。这种感受弥漫在她的生命中,让她战战兢兢,如履薄冰。

第二,当我们认为这个世界是好的,我们会更愿意与这个世界深度连接,也更愿意深度参与。这会加强我们与世界的关系。那些依恋失败的人,会发展出和世界的"隔离感",所以,很多人经常有一种感觉:世界是世界,我是我,两不相干。

我的一位朋友描述过她的一次成都旅行经历。

朋友休假,于是来到了"好吃好玩"的成都。来成都后,她却发现一个问题:自己跟成都好像没有什么关系。成都很好,好吃、好玩、好逛。可是这一切的好,跟她没关系。走在宽窄巷子、锦里、武侯祠,她感觉自己像幽灵一样,不能融入整个场景。麻木、游离,没有兴奋,没有开心,甚至没有感受。成都是成都,自己是自己。

现在,我们再理解这种感受,就很简单了:虽然成都各种好,但是她并不能让自己融入这个"各种好"的成都中去。

第三,当我们认为这个世界是好的,我们会更愿意从这个世界中寻求支持和资源,而这些都会滋养我们的生命。这一点至关重要。任何人都不可能单打独斗,这就是我们要融入世界的原因。我们总会有需要外界支持的时候。

我经常会遇到这样的来访者。他们身上有比较明显的"反抗型依恋"的特征。他们中有的人伴有比较严重的情绪问题，明明已经非常需要专业的心理支持了，但是他们并不认为心理咨询或者去医院寻求药物治疗，是可以帮助到他们的。这就是典型的看不到，也无法获得外界支持的人。这类来访者身上还有一种特征：当他们进行了几次心理咨询后，他们似乎在心底的某些层次上，渴望继续进行心理咨询，但是他们希望咨询师能够更加主动一些。也就是他们想走近，但是又不想太主动。

总之，好的依恋的发生，会让我们更有创造性，提升我们生命的质量。

4

如果形成依恋障碍，就会带来孤独。

与依恋形成的前提——外界是好的——相对的，依恋障碍的前提是：外界是坏的。因为"外界是坏的"，我们被迫只能依靠自己。在依靠自己的同时，外界中"坏"的部分对应着的各种阴暗和黑洞，就会一并被我们收回到自己身上。我们不仅会感觉这个世界恶意重重，还会感到孤独。

能否依恋外部，也是我们是否"感到孤独"的重要原因。当我们看到"他人"后，我们进而还会看到"世界"。"他人"和"世界"，对于我们而言都属于外部。

这是相互作用的。外界的"坏"给我们造成了心理的"阴影"，我们带着心理的"阴影"去看外界，外界就确定无疑是坏的。同时，心理的"黑洞和阴影"本身，也是对外界"坏"的一种防御。否则，我们要如何抵抗这个恶意重重的世界？

所以，很多内心孤独的人，即便有的人看起来很友善平和，但是他们的潜意识中始终明确地知道：这是一个恶意重重的世界，不值得我去依赖。他们内心深处的某个角落，一定是有黑洞的。

这样的人，无论社会功能发展得多好，世俗上有多成功，内心一定有致命的孤独感。

5

有的人享受孤独，有的人想摆脱孤独。其实，这里说的孤独并不是同一回事。上文所说的所有"孤独"，指的都是让人想摆脱的那种"孤独"。

那么，让人想要去享受的那种"孤独"，到底是一种什么样的"孤独"？

那是一种"千帆阅尽"的孤独。只有曾经走进过丰沛饱满的关系，与他人和世界建立过深刻而广阔的连接，被爱充分滋养过的人，才有能力走进这种孤独。

话说回来，这其实已经不是孤独，只是形式上看起来孤独，内心早已无比富足，独自品味，并乐此不疲。

这是一种很高的境界。

况且，只要他们愿意，他们可以随时再次走入人群。

6

有的人担心自己一旦依恋一个人，如果这个人离去，自己不能承受。

这里，要区分依恋和依赖。

依恋，指的是感情的指向：眷恋、喜爱、想要靠近；而依赖，更多指向一个人缺乏独立的能力，需要完全依靠别人。

一个健康的依恋关系是：我有独立的能力，但是我仍然可以放心地在感情上靠近一个人，并且把自己放心地交出去。

依恋是一种情感的能力。依恋一个人，以及一段好的依恋关系，确实有可能失去。可是哪怕有一天，这份爱会失去，基于这份爱建立起来的笃定、踏实、安全感、勇气，这些心理基础一旦建立起来，就不会消失。这些东西会陪伴我们一生，在我们每一个困窘、艰难的时刻，给我们带来希望。

一份高质量的关系，虽然关系有可能终结，但是那份美好的感受，不会随着关系的终结，或者关系中某人的离去而消失。这份美好的感觉会永存心底，源源不断地化作光，滋养我们。被看见的欲望、被满足的需求，最后都会在我们心中形成一股力量。

这股力量，就是生的力量。

7

既然依恋这么好,如何建立依恋关系?

依恋关系最初的建立是在婴幼儿时期,是婴幼儿通过与父母的关系,尤其是与母亲关系的构建形成的。如果这个时候没有形成,再次走入依恋关系,就需要我们后天有意识地努力。

首先,尝试找到一个好的"客体"。一个好的客体,就是好的"外部世界"的象征,能够给我们带来安全感,并且在尝试建立依恋关系的时候,能够尽可能减小我们被现实伤害的可能性,增加建立好的依恋关系的概率。

其次,尝试和一个好的客体建立一段稳定持久的关系。在这里,稳定和持久非常重要。事实是,无论这个客体有多么好,我们的关系都不可能完美。但是在遇到困难的时候,不要试图去结束关系。持久的关系像一个稳定的容器,在这个容器里,我们有机会发展出依恋,而且是走入现实的依恋。也就是说,我们有机会看到彼此都不完美,但是关系仍然稳定,依恋仍然可以发生。

最后,当依恋发生,尝试去标记这些感受。这需要我们有一定的觉察能力,让我们切实从身、心、头脑的三个层面,都意识到依恋可以发生,而且依恋的感觉是这样的。

建立好的依恋关系,我们就能够从这样的依恋关系中,不断地获取资源和支持,这些东西会照亮我们的生命,并且陪伴我们走得更远。

焦虑的种子,
可能来自你的原生家庭

1

我的咨询室中,来了这样一位特殊的来访者。我们暂且称呼她为"晓雅"。

为什么说晓雅特殊呢?因为和一般来访者相比,她非常优秀,却异常自卑。

我和晓雅首次见面,她给我的印象是精神很饱满。她就像一枝亭亭玉立的玉兰花,清俊、高雅、落落大方,举手投足非常得体,人也很漂亮。在我们见面的一瞬间,我甚至有一种错觉:和精致干练的她相比,做了一整天咨询的我,更像一个来访者。

我意识到了自己的 反移情，这时有一个 悬浮注意 升起来在告诉我，这个反移情很重要，也许她要表达的内容和她给人的印象有关系。

果然，晓雅说的第一句话就让我吃惊了。她说："老师，我很自卑，并且最近时常有想自杀的冲动。请你帮帮我。"

她所说的话和她给我的第一印象完全不同。谁能想到，一个举止优雅、穿着细节打理得极其到位，甚至来咨询的当天还喷了点香水的女孩，一张口竟然说自己想自杀？

2

这是一次 长程心理咨询，晓雅开始诉说她的经历。

从小到大，晓雅都很优秀。她是学霸、班干部，演讲、绘画、体育等各类比赛都拿奖拿到手软，钢琴九级，初中、高中一路重点，大学考入名校。但是所有这些让人觉得优秀的事，都发生在晓雅上小学之后。

晓雅一岁到上学前，由于她父母的工作需要长期出差，所以晓雅一直被寄养在父母的朋友家里。而作为回报，晓雅的父母每个月都给寄养家庭一笔高额的费用。

晓雅上幼儿园的时候，老师很不喜欢她，她经常被老师为难甚至羞辱。比如，她午睡的床被安排在教室的最角落；她做任何事情，都被排到最后一个去做；如果晓雅做错事，老师会当众惩罚她……这些事情，晓雅至今回忆起来都觉得非常难堪。

父母的缺席、老师的贬低给晓雅造成了很大的心理压力。晓雅开始萌生一种感觉：我是不值得被爱的，我只有足够努力变得优秀，才值得别人喜欢我。

有些人的优秀是一种理智化防御。这类情况多始于人的儿童时期，一个孩子如果长时间被周围重要的人贬低（比如父母、老师），他（她）为了改变这种情况，会努力让自己变得优秀，以此换来父母或者老师的喜欢。

所以，很多优秀的人是被迫优秀。他们促使自己优秀的动机，本身是自卑。

3

对于晓雅而言，她的自卑还有一个重要原因：缺乏一元身份的认同。

心理学上认为，人的各种错综复杂的关系，可以归纳为一元、二元和三元关系。

晓雅缺乏一元身份的认同，核心是"自我建立"阶段出现了问题。

对于婴幼儿时期的孩子来说，父母对孩子的肯定是孩子开始形成自我价值的重要核心。晓雅父母的长期缺席，让她在幼儿时期没有从父母那里获得应有的认同，所以晓雅的自尊水平比较低。

其次，晓雅的父母给晓雅示范的（或者说晓雅接触到的）一直以来都是三元身份的认同。

晓雅的父母没有给予晓雅贴身的陪伴，取而代之的是为了让寄养家庭对晓雅好，他们给足了寄养家庭费用，委托寄养家庭能更好地照顾晓雅。

因为缺乏父母的陪伴，晓雅直接跳过了父母应该给予孩子"一元层面认同"的过程，直接被指定到了一个三元的身份上。

虽然晓雅那时还不太懂事，但是她能隐约感觉到是因为父母给了寄养家庭很多钱，他们才会对她这么好——也就是说，三元上足够有身份，就能获得认同。这是一个示范，也是一个长期的心理暗示。以至于上小学后的晓雅，为了扭转幼儿园被老师排斥的局面，自动开始努力学习，并在这条路上一直跑到现在。

晓雅这种被认可和接受，只存在于三元位置上；而一元位置上，晓雅认为自己永远是不值得的。

这种情况会有一个巨大的后遗症：如果有一天从三元位置跌落回一元时，当事人会发现自己竟然无处安置。这个时候就会引发焦虑。

在焦虑中，人会努力寻找自我价值和自我意义。因为"空"，在焦虑中，所有寻找价值感和意义感的努力，都将注定以失败告终。一旦找不到意义感，无力感和沉重感就会随之而来，这个时候，抑郁就会发生——这就是晓雅找到我的原因。

哪怕晓雅是来寻求心理咨询的，一贯的优秀已经占据了她身心的所有，所以即便她已经伴有自杀的倾向，出现在我面前时，她仍然是一个精致到一丝不苟、连香水都不会用错的优雅女性。

4

在做这个案例的时候，我时常感慨，做父母的可能永远不知道哪些无意识的举动，甚至是下意识为孩子好的举动，会对孩子产生什么影响。

这就好像晓雅的父母。晓雅的父母、祖父母、外祖父母都是国家科研人员，都很优秀，但因为工作关系不得不长期出差。他们或许也知道，陪伴对孩子是最好的，但是，实际情况是他们只能做这样的选择。虽然他们也努力按照自己认为最好的方式给孩子做了安排，但这样的安排仍然在晓雅的内心埋下了隐患，并且在几十年后还会激起连锁反应。

5

由童年经历造成的根深蒂固的自卑，就好比我们内心有一个缺口，但这个缺口并非不可修复。要克服自卑，我们可以尝试：接纳自己的不完美。我们自卑，是因为我们总认为自己的现状不够完美。我们不妨从根本上"治一治这个病",大方地对自己承认:是的,我承认我就是不完美的,又能怎么样呢?任何人都是不完美的,包括你,也包括写下这本书的我。我们都一样。

不苛责自己。我们对自己要求太高,以至于我们感觉无论怎么做,都不能达到自己的要求。那样,我们就长期处于不断努力再自我谴责的恶性循环中。这个循环就会耗尽我们的心力。不苛责自己,不钻牛角尖,凡事退一步想一想。

多进行积极的心理暗示。比如,做事情之前可以多给自己打气:我可以,我能行;做事情之后,多给自己肯定:我做得已经很好了,我很棒,下次继续努力等。长期积累,积极心理暗示的作用是很强大的。

6

很多人在长大后,面对自己的种种问题,常常会有想要找父母"清算"的想法。

其实,不如我们所愿,也未必如他们所愿。与其加入现在流行的"清算父母"的行列,不如看到,作为成年人的我们,仍然有自我修复的机会。一切让我们不舒服的地方,都是老天留给我们的"生门"。

只要我们不闪躲,直面自己的真实感受,足够勇敢,勇于顺着这条线探索下去,问题总会有答案。

痛苦的内在小孩如何面对这复杂的世界？

1

我在咨询中经常能遇到这样的来访者：总跟自己较劲。这些人特别典型的一个表现就是——纠结。

晓枫就是这样的一个来访者。她经常事情还没做，纠结已经让她精疲力尽。

比如网购。晓枫特别喜欢在网上买东西，但是她买东西的时候非常纠结，再三地货比三家之后，哪怕价格相差无几，也要犹豫好久。这经常让她在最后发出疑问：自己这是干吗呢？明明花钱买东西是挺高兴的一件事，怎么最后搞得这么沉重？

而且，晓枫还有一个特点：买回来的东西，拿到手还要再纠结一下，结果80%都要退回去。

不仅仅是买东西，晓枫在生活中的一举一动都步履维艰。因为太纠结，每个决定都是多方势力交战后的结果。这让晓枫非常疲惫。

那么，这多方势力指的又是哪些呢？那些一直在打架的各方，就是本我、自我和超我。

2

其实，我们每个人在生活中，都会多多少少感受到纠结。很多人的口头禅就是"我好纠结""纠结一下""让我纠结纠结"……比如，下班去不去健身、周末要不要早起、和朋友约会到底吃什么……让我们纠结的场景很多。虽然每个人都能感受到"纠结"，然而感受到的频率和强度会不同，甚至会差异很大。

如果不是特别"纠结"，或者说我们自己有能力消化这些"纠结"，那么其实是没什么问题的。而关键是，如果纠结体验太强烈，就会给我们造成难以消化的冲突。

这种冲突是如何构成的？

这种冲突的背后，也正是本我、超我和自我之间互相碰撞的过程。

那么，本我、超我、自我，到底指的是什么？

本我指的是自己的意愿，多体现为潜意识，为意识层面所不能触及的部分。

本我是人格结构的基础，位于人格结构的最底层，由先天的本能、欲望、生理需求等组成和驱使。弗洛伊德将此也称为"力比多"，是人最原始的驱动力。

本我是与生俱来的部分，因此，本我体现最为集中的时期是婴儿期。之后，随着自我和超我的逐渐形成，本我被逐渐压抑到潜意识深处。同时，本我也是自我和超我形成的基础。

超我指的是内在的良知和道德评判，它是人格结构中的管制者，位于人格结构中的最高层，遵循道德规则。超我有三个作用：第一，抑制本我的冲动；第二，监督自我的运作；第三，追求完美。一般来说，我们会把父母权威、道德规范、伦理价值、社会文化等不断进行内化，形成我们的超我。超我就像一个高高在上、神圣不容侵犯的大法官，无处不在又默默地审视着我们的一举一动。

自我遵循现实规则，位于人格结构的中间层，很大一部分作用是调节本我和超我之间的矛盾。它一方面连接着本我的各种本能欲望和需求，另一方面连接着现实的客观情况和限制。因此，自我是一种调节，调节了自身情况和外在的环境。弗洛伊德认为，自我是人格的执行者。

3

自我是本我和超我之间的协调者。当本我和超我在自我的调节下，能够找到完美的平衡点时，人就不会痛苦；当本我和超我的矛盾过于尖锐，自我难以调节时，人就会痛苦。这也就是我们常见的各种纠结，各种自己跟自己较劲。

我有一个朋友曾经开玩笑说，她是一个"出不了门"的来访者。比如出门穿衣服，今天状态不好，她觉得自己应该穿得休闲一些，但是此时她的另一个"我"又在告诉自己，在公司要树立专业的形象，所以应该穿上职业装、踩上高跟鞋。然后，两个"我"的声音在头脑中反复拉扯，她就会穿了脱、脱了穿，每换一身衣服就要顺带换一整套包、耳环、头饰等配饰。她就这样反反复复，直到最后时间到了，不得不出门。

这种纠结就是两个"我"在吵架。"本我"希望舒服自在，"超我"希望完美精进，两个部分互相拉扯，最后现实的"自我"出来——到时间了，上班不能迟到——最后无论如何，定下来一套衣服，赶紧出门，这件事就算告一段落。

4

一般程度的纠结，我们往往还能应对。如果纠结的强度升级到了很严重的程度，就会导致我们非常痛苦。

为什么会这么纠结？

通过前文，我们知道纠结是因为本我和超我在"打架"。而纠结之所以到了无可调和的程度，就是因为超我太强大，严重侵犯了本我。本我得到表达，是我们的本能驱动。如果超我过于强大，那么本我就会奋起反抗。在这种情况下，纠结就显得非常严重。

那么，这么强大的超我是如何形成的？一般有两种方式：

第一，父母的内化。在我们的成长过程中，父母是一个重要的权威，也是我们第一个权威。小的时候，父母给我们提出各种要求，虽然这些要求的出发点是保证我们更好地去成长；但是同时，这些要求也限制了我们，并不完全符合我们的天性。伴随我们的成长，我们的父母可能不再有能力去限制我们，或不再会去限制我们。但是父母会内化到我们的内在，这也叫"内摄"。也就是说，虽然父母不再管束我们，但是我们内在的父母常驻我们心中，会代替父母行使对我们的约束。所以，这个时候我们如果出现纠结，就是内在父母和内在小孩之间的纠结。

我的一位来访者，她小的时候，父母非常严格地监督她读书。她读书一直非常用功，每天对自己实施军事化管理：早上五点半起来晨读,白天也是争分夺秒;考试也是,她的成绩从来不会从前三名掉下来,这次考了第三名,下次就要考第一名;这次是班级第一,下次就要年级第一……她虽然很优秀,但是压力很大。

现在她工作了,也是每一天都好像在高考,从大事到小事,从工作到人情,从一个小项目到每一季度的考核,她不允许自己有一刻的放松。虽然现在她的父母不再像小时候那样管制她,但是她的内在父母无时无刻不在约束她,让她一直奔跑。

第二,社会文化的内化。社会文化是一个更大的权威。当我们成年后脱离父母,来到社会层面,看到的是社会的大权威。社会的大权威也会限制我们。

比如在现代家庭中,比较多的家庭分工模式是"男主外、女主内",受制于这样的社会文化既成的氛围,就比较少能够见到"男主内、女主外"的家庭分工。在这种社会文化影响下,女性步入婚姻后,在工作和生活的平衡上需要费一番工夫。想要成为一名职业女性,女性就要非常努力,先要做好家庭中的事情,再要做好工作。否则,我们就要受到自己内在超我的评判:作为妻子和母亲,我没有照顾好家庭是失职的。

5

很多时候,我们的本我正是儿时被忽略的部分。如果说超我是父母的内化,本我就是儿时被忽略的、受伤的内在小孩。

"内在小孩",我们可以理解为活在心里的小孩。荣格最早提出了"内在小孩"的概念,他认为内在小孩来自我们本能的需求和动力。如果内在小孩在儿时没有被很好地看到和满足,那么它就会受伤。

我的来访者晓枫在冥想中,看到自己内在小孩的意向是这样的:在一个废弃的欧洲中世纪古堡的地下,在阴暗潮湿的牢狱中,关着一个像幽灵一样、虚弱的、痛苦的小孩。这个小孩太可怕了,以至于晓枫根本无法靠近。

如果晓枫的内在小孩如此虚弱和缺乏爱,晓枫的纠结就不难理解。本我被压抑得太多,导致她的生命力受到了严重的压抑。

一个受伤的内在小孩,在"超我妈妈"的审视下,注定非常痛苦。为了避免痛苦,它会发展出很多的防御机制,比如压抑、分离、否认、抵消、升华、退行等。

我的一位女性朋友,在谈恋爱的时候就会变得无比"作"。她变得对男朋友非常挑剔,总觉得男朋友不够爱她。究其原因,是她从不认为自己能够得到一份完美的爱。

那是因为,在她小时候需要爱的时候,她的父母给她的爱都是有条件的——考得好就值得被爱,考不好就是废物;听话就值得被爱,不听话就是坏孩子……因此,她的那个可以放任自己的内在小孩,并没有得到充足的爱,也让她认为自己是不值得被爱的。因此,哪怕她遇到一个很爱她的男朋友,她也不相信自己值得得到这么好的爱。她就会潜意识中希望创造机会,"作"到让男朋友讨厌她、离开她,这样她就能再次体验到"自己确实不值得被爱"的感受。

事实上,这些时刻也是内在小孩被疗愈的关键时刻。如果这个时候,男朋友接住了她的各种"作",她的内在小孩就有机会在亲密关系中被疗愈;如果男朋友接不住,她就再一次坐实了自己"不值得被爱"的结论。在新的亲密关系中,她还会一如既往地"作"下去。

为什么很多人看着好好的,天天在较那么大的劲?那都是心灵的地图,在我们看不到的层面不断铺展开,在现实中重演一遍。

如果超我太强大,本我又是一个受伤的内在小孩,就会出现一种完全失衡的情况:每当我们一动,超我因为太强大而成为主导,本我因为太虚弱而一直被压抑,久而久之被压抑太多,我们就会变得很纠结、很痛苦。纠结的结果,就是动不了。我们天天把精力都耗在了如何跟自己较劲上,根本没有能力动一步。这种内耗,就耗在了超我和本我的斗争上。

6

改变的根本,是疗愈我们的内在小孩。

接纳自己的内在小孩,从而更多地看到被我们压抑到潜意识中本我的部分,看到被自己压抑到潜意识中真正的需求和动力,我们才会变得更有力量。

疗愈内在小孩的方法，虽然各个流派之间不尽相同，但是总体来说，方法都是——看到、接纳、自我满足。

比如，由伊贺列卡拉·修·蓝博士、KR女士、平良爱绫共同编著的《内在小孩：在荷欧波诺波诺中遇见真正的自己》一书中认为，生命中的一切问题，都是内在小孩的记忆重新播放了一遍而已，所以疗愈内在小孩可以带来非常神奇的变化。具体的方法是，通过与内在小孩对话的方式，倾听自己的内在小孩，和内在小孩建立连接，并对其说四句话——对不起，请原谅，谢谢你，我爱你。

除此之外，还可以通过"心理剧"的形式，让内在小孩投射出来，并且进行对话和处理，同样也能达到自我理解、接纳和爱自己的目的。

总之，处理内在小孩问题，究其根本，处理的是自己和自己的关系。提升个体自尊与自我价值感，减少自怜自恨，增进自爱与自我抚慰的能力，自然，纠结和较劲的问题也就迎刃而解。

无法和父母和解，是我的错吗？

1

这几年，特别流行"和原生家庭和解"这种说法。于是，凡是走在自我成长道路上的人，都在努力地与原生家庭和解。

天知道，我们为了能和原生家庭和解，做了多少心理建设，说服了自己多少次，又鼓足了多少勇气尝试去和家人沟通；天知道，家人会有什么样的反应，会不会把我们重圆的破镜再砸个稀巴烂；天知道，我们努力和解的结果会怎么样。

心理学告诉我们要和原生家庭和解，于是那么多人都在努力和解。有的人用其一生，终成执念。

包括我自己心理学界的一些同学，也是拼命把自己和父母绑架到"和解"的列车上，感觉要同归于尽：要么和解，要么死。

2

通过最近几年大众心理学的普及，我们基本了解了一个常识，那就是原生家庭深深地影响了我们的性格。所以，原生家庭不仅仅是我们现在生活中所有问题的根源，而且还几乎可以决定我们未来的命运。

为了能够改变自己的命运，改善自己现在身处的境况，似乎解决问题的方法只有一个——回到那个让我们千疮百孔的原生家庭。唯有再次回到那个家庭，重新面对曾经带给我们问题的家庭成员、家庭环境；重新审视造成我们今天所有问题的一切，并且接纳他们；重新与父母去沟通；重新以一个有力量的大人的身份回去，抚平自己儿时的伤痛……唯有这样，才是问题的解决之道。

3

可是，试过就知道，和解太难。很多热衷于和解的人，最后弄得自己遍体鳞伤。既然和解是解开魔咒的唯一解药,那么,如果和解不了怎么办?

不存在的,和解不了,那就强行和解。就好像《都挺好》中苏明玉的家庭。苏明玉从小受到的对待,以及父母后来对这些事情的认识,根本不具备和解的条件,但苏明玉仍要强行和解。于是和解变成了一种执着,一种近乎"病态"的执着。

4

在谈到原生家庭时,有的来访者会卸下防御,放声大哭。

其中一位来访者,在家中排行老二,是最不受父母重视的那个,却在长大后,因为学习好,成为了被寄予最高期望的那个。兄弟姐妹成年后,他也是在整个家庭中承担压力和责任最重的那个。缺乏爱的成长环境,让他对父母非常愤怒,但是责任感又让他持续付出。

他很孝顺,父母老了很依靠他,他和父母也聊过很多次,他似乎在"求学、工作、成家"漂泊一圈后,尘埃落定,回归家庭……他曾经一度以为自己已经实现了与父母的和解,放下了对父母所有的情绪,实际上却不是他想的那样,这是一种反向形成。

反向形成是一种防御机制,即把无意识中不能被接受的欲望和动机,在意识层面以相反的方式呈现。比如我们喜欢一个人,却表现得很冷漠；我们憎恶一个人，却表现得对这个人百般好。也比如这个案例中的来访者，他看起来很理解父母，事实上他对父母有失望，有愤怒，但是，这些都被看起来的"理解"掩盖了。

有一天，在对他进行一次深度的催眠后，他痛哭流涕地说道："他们必须给我道歉！"

我问："你们曾经沟通过这么多次，他们给你道歉过吗？"

他说："有过，但是不够，我要他们再给我道歉！"

我继续："可是你们看起来很和谐，你很孝顺，他们很依赖你，我以为这是你想要的和解。"

他回答："我为了这样看起来的'和解'做了很多忍让，非常憋屈！"

这种和解的背后，是来访者的不曾放下，也不能接受。这样的强行和解又有什么意义？

5

回归家庭，与父母和解，一定是子女们心中的一个愿望。可是我们也不得不承认，有的家庭压根儿就不具备和解的条件。

为什么不能和解？原因有很多：比如有的家庭，父母本身就有严重的问题，或者孩子小时候经历了不可逆的创伤等；比如以前农村很多父母因为穷却还是想要男孩，会把女孩送给亲戚，让女孩辍学挣钱养活弟弟妹妹等；再比如，我的一位来访者被父亲抛弃，在母亲再婚后，来访者在继父的家庭中被性侵；有一个来访者被父母朝打暮骂、极尽羞辱、严重仇视，让她一度以为自己不是父母亲生的；有一个来访者在父亲酗酒、家暴的环境中长大……这种例子有很多，不能穷尽。

除了这些有重大问题的家庭，多数看起来"普通"的家庭，和解起来仍然困难重重。这个问题的原因是，你和你的父母并非圣人，你问题重重的父母并不会因为上了年纪就成为智者，他们很可能仍然问题重重；他们养育了问题重重的你，有些性格已经刻在你的骨子里，你也不太可能因为学习了一些心理学知识就变得"无所不能"，或者强大到能够涵容父母，甚至能引领父母去走一条你想要的和解之路。

在这样的情况下，强行和解本身就带着种种的情绪，我们做得越多，这个情绪就越严重。

我们自导自演一幕幕和父母"爱恨纠结"的片段，并极尽可能地"粉饰太平"，好像我们已经和父母和解，但其实并没有。

6

我有很多主诉原生家庭问题的来访者，他们都会一再沉溺于自己小时候父母对待自己的种种问题、情绪和感受中，无法脱身。

他们一再地描述当年发生了什么事,以及发生这些事时自己的感受。那确实痛彻心扉。

只是这些事就是发生了。不公平吗?是的,但是即便不公平,它也发生了。

当年,父母对我们照顾和爱的缺失已经发生了。这个缺失已经造成了,我们只能在这个基础上看看我们到底能做点什么。

7

很多关于原生家庭的文章,到最后的答案都会落在和解的基调上。这当然是我们的理想状态。作为成年人,我们如果有能力带着爱和理解,去创造和父母沟通的机会,也允许有误会和情绪,去试图让彼此和解,给自己解脱,让自己放下,这当然是最好的结果。

但是,现实生活中圆满难求,并不是所有人都能那么幸运。和解需要双方的努力,但并不是所有父母都具备和解的能力。如果遗憾注定,和解是此生都不能发生的奇迹,我们仍然要接受这个事实。这种情况,我相信很可能是绝大多数。

所以,最大的和解,反而是接受一个事实——也许我们此生根本无法和父母和解。只有这样,我们才能放下对父母过多的期望,也放下对自己过分的要求。放过彼此,让彼此都能舒服地做自己。

不和解其实死不了。尊重事实反而比天天强扭着自己、也强迫着别人配合我们去上演一出出和解的催泪剧要好得多。当然，我们仍然要跟父母沟通，尝试去理解我们的原生家庭。只是，凡事有个度，不必过于执着。

过好现在的生活，尊重父母的现状和他们本来的样子，最大程度接纳现实；并且在能力范围之内，积极地去做力所能及的改变——这才是真正的和解。与任何人和解的第一步，都是先放过自己。

世上只有妈妈好，只是一个骗局？

1

不久前，我的一位来访者跟我讲了她的困扰：正在上幼儿园的女儿再一次完全不受控地、歇斯底里地发脾气，这让我的来访者非常挫败。

因为，无论是她还是周围的人，都顺其自然地认为，孩子有问题，说明她这个妈妈做得失败。

于是，挫败之后，她情绪非常激动地跟我控诉道："你们心理学的这一套理论是不公平的，你们总提原生家庭，难道孩子有问题，就都是妈妈的问题？"

这让我想到我的另一位来访者,她也是一位妈妈。她的女儿本来成绩很好,顺利考入市重点。但是升入高中后半年内,孩子的成绩就从班上的前十名下滑到了全班的后三名。并且孩子开始厌学。疫情防控期间,孩子在家学习了几个月,等到学校通知返校上课,孩子干脆拒绝去学校。这让来访者心急如焚,因此来到我这里寻求支持。

但奇怪的是,她找到我,却绝口不提让她日夜忧心的女儿。就这样,我们的咨询进行了二十多次。

在这二十多次的咨询里,她几乎跟我谈遍了所有的家庭成员以及同事,甚至谈到了同事口红的色号,以及老公妹妹家那个刚刚上小学的儿子,但就是不谈她的女儿。

直到有一天,她好像把能用来做防御的话题全部都讲完了,然后直勾勾地、尴尬地看着我。她告诉我,她看到我很紧张,不知道说什么。

我知道是时候了。这是咨询很关键的时期,来访者即将触碰到她最想谈、却最难谈到的话题。即便讨论这个话题对她有难度,但是,能够讨论这个话题是她最重要的诉求。

于是,我主动问她:"你好像遗漏了一个很重要的人。"

她更加紧张了,她的头扭向一边,不直接看我,表情非常严肃。隔着屏幕,我都能看到她的手在微微抖动,胸口明显的起伏,似乎是她在通过深呼吸的方法让自己镇静下来。

沉默了近两分钟,她再次看向我。

"刚刚发生了什么?"我问她。

她告诉我,在刚刚的那一刻,她似乎感觉到自己有类似惊恐发作的感受。

她哭了。

她告诉我，她非常不想谈孩子的话题。因为每当她跟别人谈到这个话题，几乎得到了包括家人、同事、朋友在内的所有人，众口一致的指责：孩子之所以会这样，就是你这个当妈的有问题。以至于她自己也毫不怀疑地这样认为。

她担心我会批评她，像其他人一样。

但是，她内心的委屈和无助却无处安放：她已经很努力了，她真的真的不知道，自己还能做什么。

面对这几位委屈的来访者，我感到很心疼。

2

我们常见很多心理学文章讨论原生家庭的"原罪"。

即便我无意冒犯，而在我能接触到的原生家庭的现实情况中，很多爸爸仍是处于不知道"去哪儿"的状态，妈妈们当仁不让居"C"位，极容易成为众矢之的。

所以，提到原生家庭，妈妈们就容易成为"背锅侠"。

当然，在这里，我并不想讨论到底是谁的责任的问题。

如果说责任，一个家庭中，每一个家庭成员都有自己的位置和责任，组合起来形成一个系统。如果单一把责任放到某一个人身上，就显得不那么负责任。

而我今天想重点讨论的，是另一个视角：妈妈在局限背后的努力。

做妈妈的自然有局限。就像我们生而为人，局限是必然存在的。

但是，在过去很长时间里，我们往往过于注重讨论妈妈的局限，而忽略了局限背后，妈妈的挣扎和努力。

事实上，大多数妈妈都曾经或者正在竭尽所能。

比如文章开篇写到的第一位来访者。一开始，女儿暴躁的脾气让她很愤怒。然而，当我给予了她一些理解后，她马上就像卸下了早已习以为常的坚固而厚重的防御，一下子放松下来。沉默了一会儿之后，她非常隐忍地啜泣了起来。

只有到了这个时候，她的愤怒被看到，她才终于可以表达脆弱了。

她非常无奈地跟我说，她真的已经非常努力了。

她觉得自己脾气不好，于是她就努力地刻意改自己的脾气；她看书、学习、寻求心理咨询的支持，希望自己可以成长，学会更好地陪伴和教育孩子的方式；她知道父母的陪伴对孩子最重要，于是几乎推掉了周末所有的加班和社交，努力给孩子更高质量的陪伴。

我是她的咨询师，她有多努力，我是知道的。即便这份努力的背后，仍然带着我们常常更容易去声讨的"局限"。

而对每一个妈妈而言，最公平的是：我们看到局限，同时也能看到妈妈的努力。

3

看到妈妈的局限,这不仅是对妈妈起码的尊重,对于孩子而言,更是非常重要。

都说原生家庭是"背锅侠"。如果我们把所有问题都甩锅给原生家庭,我们就能瞬间得到解脱和疗愈,那这个锅,原生家庭背得值。

可是,问题就恰恰在于:我们确实可以把很多问题归因到原生家庭,但是这不能解决我们的问题。甚至,当我们把问题简单、粗暴地扔给原生家庭,扔给妈妈们后,我们的内心仍然非常无力,甚至更加痛苦。

所以,从单一角度去"声讨"妈妈,并无益于解决问题。

看到妈妈的局限,很重要的一个目的是:让我们获得一个更加整合的角度,去理解妈妈,去理解原生家庭。

整合的角度很重要。

首先,对妈妈而言,她们非常需要被理解和被看到。

就像前面我的来访者一样,她们并非不爱自己的孩子。但是,当无论她们怎么努力,都被人无视、误解、甚至攻击的时候,她们的内心是非常委屈的，甚至还会带着愤怒。

而当她们被理解和被看到之后，她们就能在那个点上迅速松绑。这对妈妈本身的身心健康而言，至关重要。

因为只有妈妈本身先被看到、被理解，她才能带着这份"资源"去看到自己的孩子。

这让我想到产后抑郁的妈妈们。

除了身体激素等躯体性原因外，很多女性是因为从怀孕时期"所有人都关注自己"到生产后"所有人都关注孩子"的感受落差太大，才出现了情绪问题，患上了产后抑郁。

而这个时候，我们往往要给新手妈妈更多关注，道理很简单：因为她刚刚诞下孩子的辛苦，也因为她才是那个能够给孩子贴身照顾的人。

妈妈状态不好，就照顾不好孩子。

如果一件东西，我们自己并没有得到过，那么我们并不知道怎么把东西传递给孩子。

曾奇峰老师曾说：比起学习带娃的理论知识，事实上，父母本身是什么样的人更重要。

很多妈妈总是跟我抱怨：为什么学习了那么多教科书式的养法，却仍然不能带好孩子？其实这就是原因。就像是旅行，即便我们看了很多攻略，我们旅行的感受和别人仍然不一样。

理论，并不负责填充经验和感受。

从这个角度而言，妈妈们能够先体验到被理解，她才能够真的理解自己的孩子。

除此之外,对于孩子而言,看到妈妈的局限,也是很重要的。

这是为什么呢?

4

当我们还是幼小的孩子时,从最深处的心理需求上,我们打心底里希望妈妈是好的。

我们宁愿接受妈妈有局限,也不愿接受她是坏的。

克莱因流派认为,生命早期,婴幼儿通过认同妈妈,开始可以获得一个"好乳房"的客体。

这样的客体到底有多重要?

对于婴儿来说,在自己无法独立生存的情况下,妈妈是自己来到这个世界上最可以依赖的对象。

因此认同自己的妈妈是好妈妈,可以帮助他们抵抗死亡的焦虑,让自己有活下去的希望。

我的来访者小丽,她和弟弟相差一岁多一点。也就是说,在她出生三个月左右,她的妈妈就怀上了弟弟。从某些角度上,这对于她而言几乎等于一种抛弃。

一次咨询中,她回忆起小学的时候,她反复做一个类似的梦:她梦到自己把妈妈的乳房割了下来。

这只是一个梦，不是现实。

这个梦里的意向，是一种很原始的表达。

一方面，她仍然希望保有对妈妈的认同，但是因为对妈妈的恨过于强烈，又无法表达。所以，她把心目中的好妈妈和眼前这个"抛弃"她的"坏女人"割裂开，用"乳房"代表了"坏"的妈妈，并把它割掉。

我们可以看到，当一个孩子没有发展出整合能力时，他（她）接受不了妈妈的"坏"，这会让他（她）很绝望，很焦虑。于是他（她）不得不把坏的部分从妈妈身上挪去。

从这个例子我们可以看出，无论如何，在幼小的童年，认为自己的妈妈好，是每个孩子的基本安全需求。

而在孩子长大之后，孩子意识到妈妈的局限也是非常重要的。

比如，来访者李女士，她的妈妈出生在一个重男轻女的家庭中，李女士的姥爷是小学校长，而李女士的妈妈却没机会读书，这一生可以说吃尽了不识字的亏。于是，李女士的妈妈自然而然地希望自己的女儿一定要好好读书，过上更好的生活。

为此，她把家庭资源几乎都倾斜到了李女士身上。这是希望，也是局限。一方面，她和其他很多妈妈一样，对孩子期望太高，导致孩子压力太大；但是另一方面，她意识上想要努力让孩子过上更好的生活，不要让孩子吃她吃过的苦。然而，又因为局限的存在，她能做的选择其实不多，只会本能地采取这种方式。

所以，我不否认局限对孩子的影响。而当我们有能力看到局限，这也是一个新的开始。

就像李女士。她在经历漫长的情感流动和抱持之后，终于有力量看到这个部分，这让她豁然开朗。因为她意识到：妈妈虽然很凶，但妈妈爱我。

意识到妈妈的局限之后，她也看到了母爱的不完美和笨拙，完成了一个和解：我是被爱的，我值得被爱，只是妈妈当时没办法按照我需要的方式去爱我，她也有自己的难处。

这个领悟，既是和解，也是自我解脱。

当然，如果一个妈妈对孩子没有爱的意识，没有努力去爱孩子，我们也不能去美化母爱。

这里要强调一下，文章中提到的妈妈，大多是爱孩子而无法完美承接孩子的女性们。她们带着局限，却从未放弃过努力。她们也是人，有着普通人的弱点、无奈和无力。

作为孩子，我们是否愿意稍稍松动一下，尝试去看到妈妈的努力？作为妈妈，我们是否也能承认自己的局限，更加宽容地看待自己，照顾自己。

这样无论是对妈妈，还是对孩子而言，都将是一个新的空间。

叁

正视焦虑

人到中年的人生目标：
活着，不崩溃

1

前几天，我高中同学告诉我，最近他身边接连几个人都"出事"了。

有的人被查出恶性肿瘤，有的人工作压力大导致抑郁，有的人意外死亡。

事实上，最近跟我谈到类似话题的有很多人。

上个周末，我和一位好久不见的、在金融行业工作的朋友相约逛街，开车在路上时，她告诉我，她的同事，89年的，31岁，不久前查出患有肝癌，直接就是晚期。

我的另外一位在大型通信设备公司的朋友更是经常跟我表达这样的感慨：因为工作压力大，他公司的某个同事忽然倒在了工作岗位上。

这些人来自不同领域，不同行业，然而他们都有一个共同的特点，都是三四十岁。

这并非偶然。

2020年，我们当然都过得并不容易。而人到中年，更是难上加难。

中年是一个特别需要关注的人生阶段。在这个阶段，我们的人生角色最多、责任最重，能够得到的支持却几乎是一生中最少的。

2

所谓中年危机，不过是站在人生的十字路口，有选择，有机会，也有代价。

往后看，浪费了很多时间和机会，后悔，想重来；往前看，仍然有很多可能性，但是，每个决定又有代价。

来访者L女士，35岁。她告诉我，她纠结于是否要结束现在的婚姻。没有什么狗血的剧情，L女士没有出轨，先生也并非朝打暮骂，事实上看起来还挺顾家，生活平淡无奇，也可以说非常稳定。但是，L女士深深地觉得，她和先生不合适。

这种内心深处隐隐的、又极其强烈的"不合适"，让35岁的L女士不敢生孩子。

开始的时候，她并不知道这种"不合适"指向哪里，因此她常常自我攻击，认为自己"太作"。

随着我们咨询的进行，L女士才发现：一开始，她因为安全感选择和先生在一起，而现在，已经有了足够安全感的她，更渴望和先生有精神上的共鸣。

而L女士描述，先生更像是一个精神上躺在床上的"婴儿"。

这是一体两面的：在当初，因为"婴儿"不会跑，所以不会做出类似于抛弃她的行为，这极大地满足了L女士对安全感的需求；而现在，也是因为先生像一个"婴儿"，而一个"婴儿"是无法与成人做深层次的交流的，因此他们精神上缺乏共鸣。与此同时，又因为先生给L女士这种"婴儿"的感觉，这让L女士没有办法做出生孩子的决定。

那就离婚吧。

可是，谈何容易？

L女士并不能确定自己的要求是否过分，以及，自己是否真的能找到能和自己精神交流的人。同时，一旦离婚，又会触发L女士还不那么稳定的安全感焦虑。

"这样过一生，可能没有80分，但是60分还是有的，他总好过那些今天出轨、明天限制伴侣自由的人。万一再找一个人连60分都没有，怎么办呢？"

不去争取，不甘心这么过一生；争取呢，又担心自己白白付出。

是展望未来，还是破罐破摔？

这就是中年普遍的困局：骑虎难下。

3

中年是道关，难过的关。

有的人过得好好的，走到中年忽然就状况百出。

事实上，这并不意外。

这是因为，中年时期，我们的心理正在经受巨大的震动和考验。

我们尝试从两个方面去理解。

第一，在这一时期，我们会遇到很多生活中的事件，这些事件会触发我们本来存在的问题。

比如，结婚会触发我们的亲密关系焦虑；孩子的出生会触发我们童年的创伤经历；养育孩子的过程，会经由对孩子的投射，抑或是因为养育孩子而不得不和老人相处，触发我们的原生家庭问题。

婚姻中，两个人背后的两个家庭有不同的背景、文化、价值观，还会带有两个系统的冲突。

我的一位来访者告诉我，她从不心存侥幸，认为自己的问题放在那里不管,等着"结婚就好了""生了孩子就好了",她认为这些问题放在这里,迟早会被触发。

我个人很认同。

自然,我赞同每个人都有自我修复能力。然而,即便我们考虑到人的自愈能力。如果面对比较严重的创伤,当创伤发生时,周围的支持并不足够,那么我们身上的资源根本不足以支持我们疗愈自己的问题。

更何况,一生中,无数的事件都会准确地按到你创伤激活的扳机点,尤其是在中年阶段。

第二,警惕过往防御失效。

我的来访者Z先生,39岁,找到我时,非常焦虑。用他的话说,"事业很成功,家庭一团糟"。这么好的生活,他不知道哪里出问题了。

Z先生从小优秀到大,成绩一直很好,毕业后去大公司,38岁坐上某大型互联网公司高P(高管级)的位置。

但是,他却没有办法安顿好自己的家庭。夫妻动辄吵架,到了根本无法沟通的地步;和孩子感情淡漠;和农村出身的父母沟通更成问题,他甚至都没有办法让父母明白自己到底是干什么工作的。

原来,忙碌是Z先生非常惯用的防御模式,这起到了转移注意力、隔离压抑的作用。这种防御模式,在角色比较单一的时候是适用的。

比如,在学生时代,Z先生具体的防御方式是学习。其他功能的不足,比如和同学的社交、和父母的矛盾、和自我的冲突,都可以用学习来防御。工作后,具体防御方式变成了工作。

这有好的一面,因为精力的投注,所以 Z 先生的学习和工作都非常出色。

但是到了中年,随着自己成为老公、爸爸,角色不断增加,家庭生活变得更加立体、多样和复杂,Z 先生过去的防御模式并不能继续起作用。因为,当他用逃避到工作中这样的防御方式的时候,他的其他身份受到了巨大的挑战,周围人也有更多不满。

这些都让他过往的防御失效。这个时候,问题才会再次浮现出来。

4

中年危机,这其中包括了我们正在面对非常复杂的艰难局面,看到我们曾经错失的机会,意识到我们过去生命中做出的错误的决定,并已经或将继续为此付出代价;还包括在生命走到一半的进程中,我们一方面不得不面对逐步逼近的死亡焦虑,另一方面生命仍然给到我们空间和机会,这又是生的力量。

而如何把握这样的机会,也引起我们更多的思考。思考的过程又往往伴随欲罢不能的焦虑。我们四顾茫然,踽踽独行。

解决焦虑问题并不容易。

我的来访者 M 女士,她结束咨询的时候,那些曾经让她走进咨询室的问题并没有变化。不同的是，她不再纠结了。

M女士，38岁，大儿子8岁，小女儿2岁。在小女儿出生后，M女士的情绪开始有很多的扰动：她担心自己不能成为自己理想中的好妈妈，担心自己会毁掉孩子。如果说这些还好理解的话，除此之外，她开始有更多的自我需求，有的需求甚至"毫无厘头"。比如：她变得爱玩、不顾家；她想要去文身、去夜店喝酒、去旅行；她还想要健身、想要读书。

M女士变成了一个叛逆的中年少女。没人理解她。

她的先生指责她自私、不顾家；她的父母指责她，都是两个孩子的妈了，还这么不稳重；她的朋友劝她不要再"作"了，以防犯"众怒"。

在这样的指责中，她也不能允许自己继续如此。这背后当然是复杂的。

这里面有小女儿出生后，作为妈妈的M女士对同性别的女儿的各种投射，女儿的到来对M女士内在的触发，还有由此引发的M女士自身的"退行"。

女儿——一个新生命，她带来的无限可能性，触发了M女士对自己生命的重新思考和审视。

M女士希望自己也能找回曾经错失的无限可能。

在我们的咨询中，M女士逐渐意识到自己在做什么，她开始不再和自己较劲。她意识到在现实层面，家庭需要照顾、先生需要太太、孩子需要妈妈；她也意识到那些"叛逆"的做法是自己的需求，是的，就是她自己的需求。

有就有，这没什么大不了，而且，这些需求对于她来说非常重要，她也完全有能力满足自己。

很多时候，我们都是 M 女士。不要再责怪自己为什么人到中年忽然就不"淡定"了，不要把心里涌动的诸多想法简单地视为"作"，也不要逼着自己一定要在这个时候，做出什么力挽生命狂澜的决定，而不允许自己有丝毫的差池。

换个角度，我们可以看到生命不同表达的可能。有的人到中年的"叛逆"，是通过"脱轨"的方式试图重新选择自己的轨道；有的"退行"式的需求，不过是为了解开自己未完成的情结，满足自己曾经无数次冒出、却从没有被彻底满足过的需要；有的对自己的重新审视和对生命的重新思考，那正是生命力在逐渐觉醒的信号。

而中年危机，正是"危"与"机"的并存，也许这个时候，正是我们借由这一切，看清一个全新的、真实的自己的机会。这些都指向"生"，所有指向"生"的部分，都生机勃勃。

你孤独吗?

1

小竹是我的来访者,我们在讨论咨询目标的时候,她提出来一个目标:能和我建立起真实的咨访关系。

咨访关系是每一段心理咨询必备的基础。可是,这个目标好像也太"基础"了,我有点不明白。

于是我问她:"这是什么意思呢?"

原来,小竹所谓的咨访关系,指的不是悬挂在心理咨询设置里的、形式上被固定的咨访关系,而是带着"人际感情"的咨访关系。

更具体来说,小竹希望建立的关系,指的也不是生活中的关系，而是仍然停留在咨访关系中，但是带着"感情"的一种关系。或者可以这么说：基于咨访关系本身就是一种很亲密的关系，小竹只是希望自己能够"真正地"走入这段亲密关系。

这其实挺少见的。

一般来访者提出的咨询目标，都设定在来访者的情绪改善、心理成长、社会功能增强等这些方面。而小竹的咨询目标本身，就是建立一段真实的、带着感情的咨访关系。这确实不多见。为什么呢？

经过沟通，我了解到：因为在生活中，小竹没有朋友。

这里的"朋友"，我们界定一下：并不是一般意义上的朋友，而是可以持续交往、关系不断深入、经过很多年仍然能有联系的朋友。

2

这不只是小竹的问题，也是很多人的共同困惑。

回顾自己的生活，我们经常会发现：遇到喜悦，真的不知道跟谁分享，就发个朋友圈吧；遇到困惑，常常也无人可说，自己憋着；遇到伤心、难过、生病，微信通讯录里几百上千个人，真的找不到一个人去倾诉……

小学同学、中学同学，早就没联系了；大学同学不在一个城市，似乎也无话可聊；工作后，之前的同事随着离职，陆陆续续就彻底断了联系；还有父母呢？父母是最不能倾诉的对象，"报喜不报忧"已经是固定下来的沟通模式，父母只是父母，除此之外，也没有其他功能……

如果，我们已经走入一段亲密关系，亲密关系经营得好，我们还有彼此可以倾诉；可是离婚大数据、周围已婚朋友似乎从来没有尽头的抱怨，以及来到我咨询室中所有主诉婚姻关系的来访者，似乎都在昭示着，很多人的婚姻关系，也并非那么亲密无间。

话说到这里，我们似乎就发现：生活中从小到大，一切似乎可以有关系的人，都不能成为支持我们的、真正的朋友。

自己就是在这个世界上孑然一身的人，一个人，一座孤岛。这真的让人很沮丧。

3

就像开篇提到的，交不到朋友的原因，现实层面可以找到很多。可是，客观的原因也是内在的投射。比如，虽然我们经常把"忙"当作我们不能和朋友经常见面的堂而皇之的理由，但是我们会发现，总有人周末有时间跟朋友聚会，而有的人似乎真的没有时间。

所以，这个问题的主要原因，还要往内求。

那么，是哪些内在的原因让我们交不到真正的朋友呢？

一个根本性的原因是：走不出破碎的自我，看不到外面还有别人。看不到有别人，自然就谈不上跟别人建立"真实的互动""真实的联系"，自然"真实的感情"就无从发生。

自我破碎，通常的表现是：沉浸在自己各种碎片化的感受中，自己对外界和他人的认识，几乎只停留在"自我想象"阶段。就是：看起来我们似乎活在和他人的关系中，活在外部世界中。而实际上，我们只活在自己的心理活动中，而没有看到外界和他人真实的样子。反正我认为你这样，你就是这样。

我有位朋友，从事媒体工作，文笔很好，才华横溢，却在职场上因为大大小小不合时宜的放飞自我，把一手好牌打烂了。

部门换了新领导，本应第一时间向领导汇报工作，她迟迟不去，以至于换了新领导两个月后，她直接被调到了一个闲职，被弃之不用。

她被调离之后，同事们居然也都暗暗表示，其实已经忍受她的各种情绪很久了。

例如，部门每次中午聚餐，她总会带着厌烦的表情，坚持拒绝，让同事们很不舒服；再例如，任何工作上的合作，都要以她的个人工作为主，即使是很紧急的工作，她也会先不紧不慢做完自己的事情，再管其他事。最后，大家都被弄烦了，索性就"孤立"她了。

为什么一个才华横溢，本可以走向更高位置的人，最终落到这步田地?

本质上就是因为:她一直活在自己的"认为"里。她本来应该第一时间向新领导汇报工作,但是她认为领导会找她;同事聚餐,她认为别人明明知道自己想休息还来打扰,所以很烦躁,却忽略了这只是人际关系中一些相处的基本规则,别人无意打扰;她被"罢免"之后,其他部门的同事想和她一起吃饭顺便安慰一下她,但她认为这是别人在"看笑话"或者"可怜她",所以,这部分的关系也断了。

因为沉浸在这种"自以为"之中,她被蒙蔽了双眼,以至于看不到别人真实的反应和职场的规则,也因此在人际关系上一直磕磕绊绊。

4

完美主义者很难交到朋友。这是因为,完美主义者对自己要求高,对朋友要求也高。结果导致完美主义者自己很累,和完美主义者做朋友的人必然也很累。和完美主义者做朋友,因为对方要求很高,所以自己就要时刻提着一颗心,万一哪里做得不好,就会被一棍子打死。

完美主义者的完美主义在很多细节都能体现,典型的是:不允许朋友有任何"污点"。

我们知道,任何人都不会完美,放到两个人的相处上更是如此。所以,我们和任何人交朋友,几乎都能遇到一些时刻,对方的缺点完完全全展现在我们眼前。

比如,我的一位来访者曾经很遗憾地跟我说了一件小事:来访者和她当时最好的朋友团购了一家 spa(水疗)店做理疗按摩的六人次的优惠券,就是一个人可以去六次,或者三个人去两次,反正只要是六人次就可以。她朋友在网站上购买了优惠券,她转了一半的钱给朋友。然后她俩去了一次,就一直没有再去。于是在一个周末前,她就提议,说"要不要我们周末约着去一次"。朋友说周末不行,没时间。她于是又约了两次,朋友还是说没时间,说"要不你自己去吧"。在这里,我的这位来访者有两个心理活动,都指向对朋友的不满:第一,朋友是不是想自己"独吞"这个优惠券;第二,明明一起购买的,一起去,现在你让我自己去,这不等于是把我抛弃了吗?

这看起来不是一件大事,似乎有些不满也可以理解。可是,来访者的做法就很极端。自从这件事之后,来访者默默地把这位最好的朋友直接拉入了自己的"黑名单",并且真的从此以后,她俩再也没有往来。这个"最好的朋友"就这么从来访者的世界中消失了。

这种要求自己完美也要求别人完美的心理,也体现在一些非常细小的行为上。

比如,朋友和我说的一个关于"信息回复不及时"的例子。

朋友也是一个有完美主义倾向的人，有一个很小的细节一直困扰他，就是关于"回复信息"这件事。是这样的：朋友说，如果今天他没有及时回复朋友的信息（可能他当时在忙、觉得不重要、没看到，或者干脆直接给忘了），直到两天后才想起来，他就干脆不回复了。但是，这件事情似乎在他心里就有个小小的结，总觉得自己好像"理亏"。下次当他有什么事想去问朋友的时候，他似乎也觉得"因为自己之前没有回复对方信息"理亏在先，现在自己也不应该再去麻烦朋友。就这样，一来二去，他和朋友的联系越来越少。

就这么莫名其妙中断联系的人有很多。

5

那些自恋的人，一般和别人要保持一种"不近不远"的距离。一旦距离太近了，他们就有一种"同流合污"的感觉。所以，自恋的人往往显得不合群。

其实，前文中被领导"罢免"的朋友，她就有点自恋的倾向。比如，她中午不愿意和同事们一起去吃饭。表面上似乎是因为自己中午需要"休息"，实际上是她不想"纡尊降贵"地去迎合别人。在饭桌上，她觉得领导说的话没有水平，同事聊的话题也很无聊，大多是围绕着家里老公、老婆和孩子,她这样的"才女"是不屑于去聊这么"庸俗"的话题的。对于大家在一起还要互相寒暄、吹捧,以及对领导的曲意逢迎,她都是非常不屑一顾的。

因为不愿意做这一切,所以她选择远离同事。因此,自恋的人看起来都会远离人群。因为他们觉得,这世间,配得上自己的人真的很少。

6

很多人的价值观,是"非黑即白"二元对立的价值观,缺少"好坏整合"的能力。

如果这个人好,这个人就是全部的好人;如果这个人坏,这个人就是十足的坏人。

我们过于碎片化地看待一个人,并且把这些碎片中的"某一片"作为可以概括这个人的一个"标签"贴到这个人身上,给一个人"定性",那么,我们就看不到这个人更多其他的侧面,我们也不具备把所有这些不同的侧面整合到一起的能力,尤其是当这种碎片还要被冠以一个"黑"或者"白"的分类时。

分类之后,是坏人就选择远离,是好人就选择亲近。可是,正如我们前文所说,这个世界上,不存在"彻底的好人"或者"彻底的恶人",这个世界只存在"真实的人"。真实的人往往都带有某种不足,如果我们的价值观是"黑白二元对立"的,那么这个世界之于我们,几乎不存在完全的好人,似乎可以想象,每个人都可能会被贴上一个"黑"的标签,这样下来,交不到朋友就再正常不过了。

7

其实,交不到朋友也并非问题,孤独同样可以享受。就好像我们一直所说的"人都是不完美的"一样,如果我们在交朋友这个领域存在问题,也许,这就是我们自身的不完美,接受它也无可厚非。

可是,哪怕我们可以享受孤独,我们也希望知道自己为何孤独。

尤其是对于那些不明所以,不知道自己为何孤独、不想孤独、想交朋友又交不到的人而言,知道自己为何孤独,就显得尤为重要。

走出自己想象中的世界,走到现实中来,走到真实的关系中来,看到他人真实的存在;放弃对自己完美主义的要求,放弃对朋友完美主义的要求;不那么自恋,看到自己自恋的背后,想要表达的是对关系的渴望；离开黑白对立的二元世界，看到世界更多丰富的可能性。

慢慢尝试去做到这些，我们会发现，我们更轻松，我们的朋友也就自然会多起来。

为何我不敢结束
一段让我痛苦的关系？

1

前不久，我的一位朋友离婚了。

离婚前，这位朋友所拥有的夫妻关系肯定谈不上是一段高质量的亲密关系——朋友的前夫爱赌。十赌九输，赌输了就很失意，失意了就喝酒，所以朋友的前夫还有酗酒的问题。爱赌又酗酒，这个男人对家里的照顾自然非常少。而这个情况，从他们结婚前就已经开始了。

两人还在谈恋爱的时候，这个男人是无业游民，做事情没常性，今天想卖二手车，明天想开饭店，后天想开小卖部，一转头又想学习易经给人看相算命……于是，两人经常因为钱的问题吵架。

但是，即便矛盾重重，冲突不断，吵架持续升级，也没能阻碍两人迈入婚姻。朋友不顾家人的反对，毅然决然地结婚了。婚后，这个男人继续不靠谱，工作上三天打鱼两天晒网，做生意赔钱，还经常欠下赌债被债主堵上门来要钱。

在这种情况下，朋友不仅没有离开她前夫，反而做了一个重要的决定：怀孕。她觉得，生个孩子，男人就长大了。当然，孩子的出生并没有换来前夫的成长，却让她自己不得不又当爹又当妈。即便在这样的情况下，朋友做出离婚的决定仍然用了十一年之久。

这是一段明显具有伤害性的关系，这样的一段关系，为什么在很多明明可以止损的时间点，我们都没有及时止损，而是越陷越深？是什么让我们离不开一段让我们痛苦的关系？

事实上，在生活中，离不开一段让我们痛苦的关系，这种剧情会频繁上演，然而背后的原因，却各不相同。

2

在一段"占据与被占据"模式主导的关系中会有两方：占据

者（伤害者）和被占据者（受伤害者）。在这样的关系中，"占据者"通过占据的方式，把自己的个人意志强加给被占据者；被占据者因为长期被人占据，从来没有机会凝聚和形成自我，久而久之，表现为没有自我。

与此同时，受害的一方又恰恰因为"被占据"而没有真正的自我，所以也就无法独立。因为长期被占据，"被占据者"对"占据者"是有依赖的。一旦"占据者"离开，"被占据者"就会茫然不知所从。举例来说，"占据者"就像拐棍，"被占据者"拄着拐棍才能行走。在这样的情况下，离开"占据者"，"被占据者"会崩溃的。

现在，我们知道，对于已经丧失了自我的人，"占据者"是多么重要了吧？那是生活的"定海神针"，是生命的主心骨，是活着的必需品。

这就是我的朋友离不开她前夫的原因。事实上，朋友不但离不开她前夫，而且是身边根本离不开人的。对于朋友来说，一个人就等于"死"。

朋友在结婚前有两段恋爱经历。每一次分手，她都要经历一段"要死要活"都分不掉的时间。对于前夫也是，即便婚前，朋友就知道所托并非良人，可是不管这个男人多渣，她都觉得只要身边有人在，就总比没人强。

在做出最终的离婚决定前，每当想到离婚后一个人生活的场景，朋友都会非常恐慌。在刚刚离婚之后，朋友一直都处于崩溃的状态。她工作独立，不存在经济上的顾虑，离开了爱赌的老公只能让她的经济更加宽裕。所以崩溃的不是现实生活，而是朋友的心理。

3

我们经常看到在一段关系中,一个人明显处于非常卑微和持续付出的位置上。这显得很不公平,也很不平衡。可是,这个持续付出的人却显得无怨无悔,似乎心甘情愿做一个"牺牲品"。这就是圣母情结。

圣母情结有两种典型类型。

第一种是"渣男吸引型"。

苏珊·福沃德教授的《执迷:如何正常地爱与被爱(Obsessive Love)》一书,曾经提到这样一个故事。

一位成功的女性,在结束了自己第一次失败的婚姻后,在人生最灰暗的时刻,遇到了一见钟情的男人。不久后,她就发现这个男人"穷困潦倒",甚至无法支付房租。于是,她不仅把男人邀请到自己家里来同住,而且开始给男人钱,从几百到几千,从几千到几万。直到最后,这位女性倾家荡产。她理性中的某一个角落似乎知道这样不行,这个男人是个骗子,可是她停不下来,她无法对一个"需要帮助的弱者"置之不理。她觉得自己有责任、有义务去"拯救"这个男人。

莫名其妙地一心想要"拯救渣男"类型的"圣母病",很大程度上是一种潜意识里的"强迫性重复"。这常常是因为有些人小时候缺爱，内心其实一度是崩溃的。崩溃的自己，不仅要收拾崩溃，还要努力挣扎着继续去找到活下去的方式。这简直太痛苦了，这种痛苦深入骨髓，可以说"永生难忘"。长大后，当我们有了力量，我们很容易在看到弱者时忍不住想施以援手。

甚至，我们好像有一个雷达，会不自觉地去寻找那些需要帮助的人，或者会非常敏感地从一些人身上发现他们需要帮助的事情或者时刻。一旦找到，我们会把儿时崩溃无助的形象投射到对方身上，我们终于有机会施以援手。

因为在我们的潜意识中，所有儿时没有等来的照顾，我们都无比希望能够有一个"场景重现"，让自己可以有机会改写结局。

"渣男吸引型"的另一个原因是：我就是要找一个渣男，甚至对方可能根本就不是渣男，但是跟我在一起后就莫名地成为了"渣男"。对方成为"渣男"，其实是为了满足我们潜意识中的需求。听起来很不能理解，不是吗？我们慢慢看。

这部分的核心是"投射"。

人是复杂的，没有一个人可以是完全好或者完全坏。但是受制于我们接受的教育、成长环境和心理发展程度，很多人不能接受自己身上存在着"坏"的一部分，或者说不接受自己存在"负面"的东西。

比如，我们习惯于按照二元对立的规则来给所有事情贴上标签，好比觉得开心、积极、阳光是好的，悲观、消沉、抑郁是坏的。对于坏的东西，我们就想消灭，如果不能消灭，那就压抑。

关系的很大一部分作用，就是把自己身上坏的且不能接受的部分投射到对方身上。所以我们经常会说，如果你一直看不顺眼一个人，这个人很可能就是被你投射了自己身上的一些你讨厌的缺点。

自己是 A，就把 -A 放到对方身上。这在亲密关系中尤其常见：我是完美的，我把自己骨子里不完美的地方投射到伴侣身上，所以对方看起来很坏。理论上就有两种情况：

第一，对方本来就很坏，我们就是要找到这样一个人，我们有将自己身上的 -A 投射到对方身上的需求。在这种情况下，我们就成了完美的"圣母"。这种情况不难理解。

第二，对方本来不坏，但是我们骨子里对对方有坏的期望，只有对方"如我们所愿变坏"，我们身上的 -A 才有地方安置。结果，对方和我们在一起后变得很坏。这个不好理解，我们举个例子。

我的一位来访者，自己是一个高度自律的人，然而她老公有酗酒的问题。因为这个问题，两个人到了要闹离婚的地步。可是，事实却是在结婚前，来访者的老公其实是一个不怎么喝酒的人。来访者的老公所谓"酗酒"的问题，是在和来访者结婚后才出现并且愈演愈烈的。

经过咨询，我们慢慢了解到，来访者高度自律的背后，其实骨子里非常羡慕那些自由自在，甚至是有些放纵的人。老公正是在替来访者表达自己不敢表达的部分。

所以，治疗的转机发生了。我鼓励来访者在自律的背后，也找机会尝试表达自己渴望的"散漫""放纵""自由"。不要用"意义"把每一天都填满,把价值放到每一天去量化,尝试适当地放松、放任自流。这个时候,来访者发现,她其实就挺喜欢喝酒的。神奇的是,她的老公在她喝酒之后,酗酒的情况明显好转。

4

"圣母情结"的第二种体现,就是无怨无悔、牺牲自己,点亮所有人的类型。

比如我朋友的妈妈。朋友经常跟我抱怨,她妈妈把自己的位置放得很低,"心甘情愿"地为家里人操碎了心,搞得一家人觉得非常压抑,但是似乎还说不出什么——因为妈妈已经付出了这么多,都是为了这个家,自己除了"配合"和"领情"之外,还有什么资格有情绪?再有情绪,那简直就是"十恶不赦"了。于是朋友说:"我妈就是这样,自插两刀,然后说'还不都是为了你们'。"

这是特例吗?不是的。这简直就是婚姻中女性的集体写照。

"圣母病"都有哪些表现?

雅基·马森在《可爱的诅咒:圣母型人格心理自助手册》一书中,列举了"圣母型人格"的几大特征:

一如既往地把别人的需求放在自己的需求之前。

总是把时间、精力、金钱和爱奉献给其他人,唯独不留一点给自己,只有通过这样的过度付出才能获得安全感。

心甘情愿陷入他人期望的牢笼里，虽然被压迫得近乎窒息，却不想改变，或者说无力改变。

始终把友善待人作为唯一的行为准则，并因此受尽委屈。

总是想太多，总把错误归因在自己身上。

很多事情的优先级都高于自己的身心健康，结果支持了其他人，却让自己崩溃。

认为要让别人喜欢自己、爱自己并接受自己，就必须按照别人认可的方式为人处世。

面对强势的人（父母、老师、上司），不敢表达自己真实的想法和需求。

从不敢在大庭广众之下与人起争执。

因此，具有圣母情结的人，往往会把自己置身于一段痛苦的关系中，并且显得并不愿离开。

5

最后，我们要讲的一种离不开痛苦关系的原因是——受虐的需求。

具有受虐需求的人，容易构建出一种痛苦的关系。因为，关系中的痛苦正好可以满足受虐者的心理需求。

具有受虐需求的人，心理有如下三个特征。

第一，认为自己不值得。

我不值得拥有高质量的关系，我不值得拥有爱，我不值得别人好好爱我。这背后的潜台词就是——我不配别人好好爱我。有这样想法的人，他们不敢对高质量的关系抱有期待，因此只能停留在痛苦的关系中。

第二，避免他人攻击，并因此获得安全感。

"我都这么可怜了，你们应该不会再攻击我了吧。"这样，似乎就避免了别人更多的指责和攻击，也避免承担更多的责任。

第三，受虐是为了满足自尊的需要。

这常见于工作关系中，比如在一个团队中，如果自己成为团队里最辛苦、承担工作最多的那个人，这会带来道德方面极大的满足感——在我的辛苦工作的映衬下，其他人就显得"非常猥琐"。在这之中，自己就获得了自尊感。

其实，"受虐"的核心源于小时候父母对自己的忽略：似乎只有自己变得很惨，才能稍稍赢得父母的注意。因此，只有在自己感受到痛苦的时候，我们和父母的关系才会存在。久而久之，"受虐"的模式不断被演变，就成为了只有在痛苦的感受中，关系才会存在。而每个人，从根本上都在渴望关系。所以，哪怕"痛苦的关系"也比"没有关系"好。

其实，尝试做一个满足自己需要的"恶人"，也并没有多么糟糕。我们不是因为自己完美、付出、谦顺才被人爱；我们被人爱，是因为我们是自己。不需要牺牲自己，满足自己、表达自己，同样值得被爱。我们值得更好的人，也值得更好的关系。

而在赢得更好的关系之前，我们需要做的是：正视自己的需求。首先，满足自己的需求，其次，在关系中表达自己的需求。当我们意识到对自己的需求满足的重要性之后，我们会发现，那些不能满足我们的关系，我们是不能忍受的。这有助于帮助我们终结一段痛苦的关系。

谁在阉割我们的需求？

1

M女士是我的一位长程咨询的来访者，已婚六年。最近，她告诉我，她要出轨了。

这是一场我见过的最清醒理智的出轨。她虽然深陷其中、情难自拔，但是理智一直在线，头脑甚至可以说无比清晰，她知道不应该这样，有悖道德、有悖婚姻的规则；走出这一步是对老公的伤害，也是对他们婚姻关系的伤害。

但是，事到如今，辗转反侧，这个"轨"，她非出不可。

M女士的婚姻不是她自己的选择。M女士29岁结婚，老公是家里亲戚介绍的。M女士对于婚姻的感受不是痛苦，不是快乐，而是平淡。即便老公"很好",但是 M 女士对自己婚姻生活的感受非常平淡,甚至平庸——寡如白水,无色无味无波澜。

事实上,M 女士感受如何,和她的婚姻生活实际如何,已经没有必然联系了。因为,从她为了满足父母结婚开始,这段婚姻就不是为了满足她,而是为了满足别人。

M 女士在当初进入婚姻的时候是糊里糊涂的。今天,一旦她的需求产生出来,这个需求就变得势不可当。

2

我们知道,所有没有被满足的需求,都会产生固着。

固着就会有强大的力量,把我们拉回去,拉回去的目的,是需求渴望被看到、被满足。

就像 M 女士,在结婚六年后的今天,忽然碰到了一个人,是她喜欢的,于是唤醒了她的情感需求。

M 女士出轨的背后,是在做什么呢?她是在满足自己"像一个女孩一样,陷入狂热爱情"的需求。

喜欢一个人,很想在一起,这是什么时期的需求?这是恋爱的需求。十七八岁的花季,情窦初开,一个眼神,一次不经意的碰触,都在内心炸裂。彼此高兴了、不高兴了,对应到对方心里就是起起伏伏、生生灭灭:高兴的时候,感觉全世界都笑逐颜开;

闹别扭的时候，明明艳阳高照，内心却阴雨绵绵。

这种一惊一乍、浓得化不开、你中有我我中有你的感情，是本应该在恋爱的时候才有的各种悸动和冲动。

只不过，它们迟到了，展现在今天，就是一种时空的错位。

3

那么，这些需求为什么现在才出现？没出现的时候，这些需求去哪儿了？为什么这些需求没有在它自然出现的时候得以自然流动、浮现、被看到、被满足？

那是因为，发自于我们自身的需求，常常是被阉割的。

这是一种非常多见的现象，近乎一种惯性。

当忙碌的父母面对一直哭闹不休的孩子，他们可能会非常烦躁地呵斥孩子别哭了，当这个动作不是一次，也不是十次，而是数十次的时候，孩子以哭的形式再表达的需求，就被压下去了。

那么多"懂事"的孩子是怎么来的？孩子天生带着自己的种种需求，是不可能天然"懂事"的。既然"懂事"是来自父母的评价，背后其实就是：父母把所有不如自己所愿的东西砍掉，只让孩子按照父母的意愿来"言行举止"。我们知道讨好一个人有多难，所以，当一个孩子"懂事"的时候，他（她）在经历一个多么艰难的过程。他（她）很可能在自断臂膀，只为长成父母想要的样子。

就像 M 女士。当"懂事"已经成为一种下意识的动作,"迎合"几乎就是一种身体记忆。M 女士从小就被教育成这样。

M 女士一岁时,父母从农村出来到城市打工。妈妈做过服装加工,爸爸做过泥瓦工、搬运工,都非常辛苦。"不患寡而患不均",也许,一家人一直在农村也没有什么,毕竟周围人都是一样的,是平等的。但是,M 女士小时候经历的是强烈的不平等。从小,父母就会一直对她说:"我们不同于周围这些城市里长大的人,我们从农村出来,父母没本事,穷,你要乖,要听话,要加倍努力。"所以,"懂事"是刻在 M 女士骨子里的。

因此,在结婚这件事上,即便 M 女士的父母没有铺天盖地、哭天抹泪地催婚,但是,M 女士看到了父母骨子里的焦虑,一瞬间就接住了父母投过来的需求,迅速满足,一气呵成。连贯到当回看婚姻的乏味时,M 女士都找不到人来埋怨,毕竟,确实没有人把刀架在她脖子上逼她。连她都错以为,这就是自己的选择。

至于自己的需求,在这一气呵成的动作中,根本没有空间安放。

4

在各种原因的作用下,有的时候,父母会不自觉地给孩子传递一种"错觉"：你的需求是有毒的，或者说，你就不该有这种需求。

我的另一位来访者，她现在已经是一个可以主动提出自己需求的人。这不仅让她更舒服，而且还避免了夫妻间很多猜来猜去、没有必要的争吵。然而，在我们刚开始咨询的时候，她是一个动不动就自我阉割掉自己需求的人。

举个小例子：

有一次，在我们咨询的过程中，因为空调正对着她，坐下后我问她会不会觉得吹得有点冷？并且告诉她，沙发上有毯子，冷的话可以盖一条。她非常迅速且不假思索地回应了我："哦哦，没事的没事的。"她回应得过于迅速，以至于我们都在一瞬间愣住了。愣了一下后，她说，其实风是有点冷的，但是她从来不觉得这值得被拿出来说。也就是说，她的"冷"的需求，根本不值得被她拿出来，并被照顾到。她也从来没有体会过被人这么细致地照顾。我听过之后，心里非常难过。

表面上看，是在她小的时候，她的妈妈太忙，没有时间这么细致地照顾她。我们常说，从精神分析的角度，现实原因当然不能被忽视，但是，这绝不是影响一个人的根本原因。根本原因大概率都在一个人的内在：潜意识、心理模式、人格结构、心理动力。实际上，是在她的妈妈还没过满月的时候，妈妈的妈妈（即来访者的姥姥）就去世了。来访者的妈妈从来就没有得到过细致入微的照顾，自然也没有办法细致入微地看到来访者的需求。我不止一次说过，代际的创伤传递，其实就是这么来的。

所以，我的来访者，从小她的需求就被严重忽视：上厕所要忍着，最好不要出去玩以免失控发生意外，不许哭。

需求被长期压抑，久而久之，长大之后，我们就不知道自己的需求是什么。表现为：

第一，我们开始变得非常不确定。不确定自己是否需要，不确定自己是否喜欢，不确定自己是否想要做一件事情，甚至影响我们的判断。对应到人格结构，这种不确定会不同程度地影响"自我"的形成。

第二，人生了无乐趣。日子久了，年岁渐长，伴随着"日光之下，再无新事"，我们内在的匮乏变得愈演愈烈，无法掩饰。吃东西，随便；出去旅行，没兴趣；周末聚会，无所谓。这也是引发中年人"中年危机"，老年人"死亡焦虑"的重要原因之一。"有的人20岁就死了，等到80岁才埋"，哀莫大于心死，20岁死亡的，是我们的心。

5

好了，我知道写到这里，有人一定理了理逻辑：父母阉割孩子需求，导致孩子自我抑制，最后丧失动力和人生乐趣。什么意思？父母又背锅？

心理学从来不是批判原生家庭的学问。我们只是尝试抛开谁对谁错，看看哪里出了问题。

以上逻辑没错,但是这里特别说明一点,注意这里说的"父母对孩子需求进行阉割"的情况,不是一次,不是十次,是数十次。

没有一百分的父母,这是一个共识。一个孩子在成长过程中,也不需要一百分的父母。人的内心很有弹性,父母存在一定程度的"失误",孩子承担一定程度的"创伤",这无伤大雅,都是有空间自愈的。甚至父母那不能尽善尽美的"四十分",是孩子全能感回落的契机,可以帮助孩子形成边界,走出自我,看到关系,进而走进广阔的世界。

如果你已经成为父亲或母亲,不用马上陷入自我谴责,这篇文章如果让你陷入自我谴责和焦虑,这绝非我本意。你可以尝试去做的,就是从现在开始,有意识地多看看孩子的需求,看到它,给予回应和酌情的满足,就非常棒了。

如果,你也和我的来访者遇到过同样的问题,父母不曾看到你的需求,那么,你自己就多看看自己的需求。

要知道,我们每个人都不是只能在人生路上打卡完成任务的机器人,有各种需求是很正常的。

不完美，毋宁死？
告别理想化全能自恋

1

有一次，我的一位长程咨询的来访者，在原本约定咨询的两个小时之前临时发来信息，希望能更改咨询时间，理由是他的老板临时要求他下午要进行一个工作汇报，而他还忘记了中午本来有一份推文要发。

了解心理咨询行业的人应该知道，心理咨询一般不接受临时更改时间，如果更改时间也要提前至少一天。甚至很多长程咨询的个案，在约定了每周固定的咨询时间后，是完全不接受以任何理由更改咨询时间的。这里面的原因很多，比如心理动力、阻抗的表达等。在这里我们不展开。

再说回到我的这位来访者，虽然他的理由听起来非常充分，可是我还是拒绝了他。这样一来，他上午不得不推掉所有工作，全力赶时间写中午要发的推文，再去找到老板，把下午汇报的时间推后。即便这样，在他全力的调整下，等我们开始咨询时，他还是晚了二十分钟。

我的来访者非常沮丧，一进来他就一言不发。

我问他："你没什么想要说的吗？"

因为通常来说，这位来访者会主动说出自己的一些心理感受，或者过去一周发生的带给他困扰的事件。一上来就沉默，这是很少发生的。

来访者说："本来我是准备了一些事情想要说，但是因为突发了临时状况，加上迟到，我似乎感觉这一切打破了我原本的计划，包括我计划中对一次完美的咨询访谈的想象。除此之外，还因为延迟了二十分钟，好像开头就不够完美。所以，我什么都不想说。"

我继续问："没有一个完美的开始，不在你的预期内，让你有什么感觉？"

来访者说："这让我有一种想破罐破摔的感觉。"

我尝试感受了一下他的感受，说："也许，你对我也有情绪？"

来访者说："我不是对你有情绪，我是对自己有情绪。为什么会有这些突发事件？为什么我没有摆平所有事？为什么最后还是迟到了二十分钟？"

2

虽然我没有答应更改咨询时间，但是不代表我不理解他的处境。

所有这一切的发生，他确实已经尽了所有努力来协调。在这种情况下，想要一个万全的、一切尽在掌控中的解决方案几乎不可能。

但是，我的来访者就对自己提出了这个"几乎不可能"的要求：他希望靠自己的能力，可以摆平一切。当没有摆平时，他就开始责怪自己，这就是完美主义的倾向。

完美主义倾向有一个核心的感觉——不完美，毋宁死。这在我的这位有着完美主义倾向的来访者身上也有体现。

他曾经提到，他心里有一套评价体系，我们暂时把它称为"百分递减制"。具体是这样的：他接触一个人，这个人在他心里的分数，最开始是一百分，但是随着两个人相处得越来越多，对方的分数会随着对方暴露的缺点变多而不断被扣减。

这个评价体系不仅对他人适用，对他自己也同样适用。比如当他融入一个新的工作环境，他假定自己在别人面前是一个完美的一百分形象，而随着时间的推移，缺点一定会暴露出来，这时自己的分数也在不断递减。因此，为了维持自己一百分的完美形象，他就要拼尽全力去努力，而且几乎要时时刻刻这么做。这真的非常辛苦。

3

完美主义者有三个典型的思维特点。

第一，绝对化要求。

以自己的主观意愿出发，并且把主观意愿放大到和自己相关的各个方面：对周围一切的人、事、物进行要求。这样的思维一般伴随着一些"绝对化"的词语，比如别人"必须"对我好；我"必须"要完成这个任务；某件事情"必须"要按照我的计划进行；你"一定"不能这么做……

比如我的这位来访者，他觉得突发的这些事件不在他的计划内，这种失控感让他恼火。这就是一种绝对化要求，他觉得突发的事件"不应该"发生。

再比如，有的人开车的时候遇到堵车会莫名地愤怒。张德芬曾经在他的书里说：我们要分清什么是自己的事，什么是老天的事。我们只能管好自己的事，而管不了老天的事。堵车就是老天的事，我们没有办法。如果大家都明白这个道理，恐怕就不会出现那些因为堵车而愤怒的人了。他们之所以愤怒，就是因为：我"必须"在我计划好的时间要抵达某个地方，现在好了，竟然半路出现堵车？这是"不应该"出现的。

第二，过分概括化。

"过分概括化"是一种典型的以偏概全的思维。完美主义者经常出现过分概括化的思维模式。比如，完美主义者可能只是偶尔出现过一次在某类事情上的失败，就认为自己是一个失败者，没有能力，不值得信任，不能成事。犯了一个错误，就全盘推翻，这是过分概括化的典型特征。

再举我的这位来访者的例子。既然突发了这么多事情，自己已然努力去摆平，又不能将事情摆平到自己理想的状态，这让人恼火。于是他产生了一种"自己处理事情就是有问题"的想法。而事实是，他处理事情没有问题。至少在我们的咨访关系中，他一直可以做到遵守设置。在我们一年多的咨询中，他迟到和请假的次数不超过三次。因为一次的"迟到"，就认为"自己处理事情有问题"，这就是过分概括化。

第三，糟糕至极。

糟糕至极的想法认为，如果一件事情一旦发生了不好的情况，那么"整个就完了"。"一切都完了"，这是糟糕至极这个想法的核心。

我自己就有这个经历。在我高中的时候，在父母的各种灌输和压力下，我曾经非常严肃认真地认为：如果我考不上大学，那么我这一辈子就完了。这会不断引申。比如一次考试考不好，我也会认为完蛋了，仿佛天塌下来了。再比如还说我的这位来访者，因为无法将事情处理到自己理想的状态，而导致他迟到了二十分钟，既然咨询的开始就是不完美的，他就有了一种想要"放弃"这次咨询的想法。背后的意思就是：这次咨询就完了。

这些都是糟糕至极的想法。

4

完美主义者存在的这几种信念，其实就是美国心理学家埃利斯在提出"情绪 abc 理论"时，指出的"非理性信念"。很多人身上，其实都多多少少会出现这些非理性信念中的一种或者几种。只不过这些信念在完美主义者身上上演到了极致。

离开情绪行为的领域，我们看看这种理念产生的心理动力是什么。那就是"全能自恋"。

什么是全能自恋？ 全能自恋是婴儿时期的一种状态，也就是无所不能的感觉。认为自己似乎就是宇宙的中心，自己与宇宙浑然一体，自己起心动念，整个宇宙都会围着我们转。其实这里的整个宇宙，指的就是自己的妈妈或者主要养育者。

随着我们的成长，我们的全能自恋会被不同程度、自然而然地挫败。在这个不断挫败的过程中,我们不断发现,原来世界并不是围着我们转,我们的想法和念头,很多时候并不等同于现实。我们认识到自己并非无所不能,而是有优缺点,通过自己的努力,我们可以尝试达成自己的目标。这是成长的标志。

而每个人面对的成长环境和周围主要养育者给予的回应都不同,这导致我们中的有些人,人虽然长大了,但是心理还停留在原始"全能自恋"的阶段。认为自己无所不能、完美、无懈可击,这些都是成年后的我们仍然保有原始的全能自恋的特征。

上面我们说的例子:我的来访者认为一个人最开始是一百分,而随着接触不断暴露缺点,分数不断递减。这个理念其实就是全能自恋的一种非常生动的体现。最开始的一百分,就是一种全能自恋。此外,我们认为一切都要围绕着我们转,"意外"和"突发事件"不能发生,即便发生了,我们也应该能全部掌控,这些都是全能自恋的表现。

5

"不完美,毋宁死"的想法,让我们活得非常沉重。想要摆脱这样的想法,可以尝试从两方面入手:

首先,从心底深处,彻底打消自己"全能自恋"的想法。我们当然不是全能的,世界当然也不是完美的,他人也不会是无懈可击的，事情的发展自然也是不由谁能全然掌控的。当我们自己、他人或者外部现实出现那些脱离我们计划、我们不能掌控的突发事件时，接纳事情的发生，允许事情按照本来的样子发展。在这个过程中，我们既不需要抨击世界，也不需要抨击自己。当他人出现各种不完美的表现时，接纳别人本来的样子。带着不完美仍然可以继续生活。

其次，我们可以尝试用美国心理学家埃利斯的"理性情绪疗法"方法，来具体在每件事情上，解决自己的全能自恋的问题。

前文中，我们其实已经提到了埃利斯的"理性情绪疗法"，这个方法又被称为"情绪 abc 理论"。埃利斯的"理性情绪疗法"可以缓解不合理信念带给我们情绪上的影响。而完美主义者本身就带有很多"不合理信念"，所以借鉴这个方法，觉察和修正我们的完美主义倾向也非常有效。

"情绪 abc 理论"认为，不是诱发事件 a 的出现导致了相对应行为和症状 c 的出现，而是我们拥有的不合理信念——b——才是导致这一结果的根本原因。

完美主义者经常因为自己完美主义中的不合理信念出现各种症状。每当这时，我们可以尝试两个步骤：第一，觉察和找出自己的不合理信念 b；第二，针对不合理信念 b 进行逐一驳斥。

比如迟到了二十分钟，来访者对于本次咨询的态度就变得很沮丧，因为他认为此次咨询因为迟到了二十分钟而"完蛋了"。这就是不合理信念。而事实显而易见的是，他只是迟到了二十分钟，除此之外没有其他影响。如果他打起精神，把此次咨询利用好，这次咨询仍然是能给他带来益处的；而他如果抱着"完蛋了"

的信念不放，此次咨询才真的会浪费。

通过辩论，我们就能看到事实到底是怎么样的，从而缓解我们对一件事情的焦虑，推而广之，贯穿到每一件事情上，我们就能逐步纠正自己的这种"不完美，毋宁死"的完美主义倾向。

警惕道德绑架，
建立稳定的自我

1

有一段时间，我们经常看到类似这样的新闻：公交车或者地铁上，老人要求年轻人给自己让座。有的年轻人碰巧因为自己身体也不舒服而不愿意让座，结果老人认为年轻人就应该给自己让座，对年轻人破口大骂，甚至有的还大打出手。

我的一位朋友也和我讲过这样一次亲身经历。她开着车，一辆电动三轮车在一个路口忽然逆行冲到行车道上。她躲闪不及，结果蹭上了。她的车身上被蹭了又深又长的一条划痕。

朋友问对方："这怎么办？"

对方说:"您这么有钱,都开车了,就别跟我们这些普通老百姓较劲了,您自己修一下不就得了?"

上面这两个案例中,"不给老人让座的年轻人"和"被划伤了车子的朋友"都被绑架了。绑架的武器就是"道德"。

2

说到这里,我们一定非常痛恨这些用道德对别人实施绑架的人。可是,如果我们看看事情的另一面,就发现这里还有一个问题:当别人对我们实施道德绑架,我们为什么要中招?

原因很简单:因为我们想要给别人留下"好人"的印象,我们不希望成为"恶人"。如果我们要表达自己,就面临着我们自己成为恶人的结果。

美剧《欲望都市》里,有这样一个桥段。

Sam 在餐厅打一个工作电话,旁边邻座的小孩子边吃边闹,这个时候 Sam 先是找了服务员,服务员表示那是个孩子,自己无能为力。此时,Sam 毫不犹豫地挂掉电话,走过去和孩子的妈妈说:"你的孩子太吵了,能不能控制一下?"在这里,Sam 确实坚持表达了自己,但是同时她也成为了别人眼中为了满足自己的需求,打扰小孩玩耍的"恶人"。

我们经常因为不能接受自己成为这样的"恶人",才会真的

"被绑架"。在东方文化中，我们不强调个人的需求，而容易将他人或者集体利益放在第一位。看重个人需求，常常被我们认为是"自私自利"。相反，我们强调的是成为一个"好人"。

所以，当我那个被电动三轮车划伤了车身的朋友与对方交涉时，她虽然很生气，但是她只能安慰自己：对方似乎更不容易，自己已经很幸福了，为什么不能大度一些？这其实是她对自己的一种说服。虽然不情愿，她还是成功说服自己成为了一个"不斤斤计较"，似乎还有着一点"悲天悯人"情怀的"好人"。

3

容易被道德绑架，愿意做一个所谓的"好人"的背后，到底是什么原因？

第一，完美倾向。

很多人认为自己就是一个完美的人。当然，一个完美的人是不允许有任何瑕疵的，包括能力上的，也包括道德上的。在上一篇中，我们讲到过完美倾向的行为模式，以及背后的心理动力：全能自恋。全能自恋源于人的婴儿时期。当我们刚出生的时候，我们认为"天上地下，唯我独尊"，婴儿一方面没有发展出任何生存技能，但是另一方面又认为自己无所不能。如果这个时期没有很好地度过，我们的全能感就会一直存在，我们会认为自己完美，无所不能，没有瑕疵。这个时候，面对道德绑架，我们就容易中招。因为我们是不能允许自己成为一个带着"自己需求"的、"自私自利"的"恶人"的。这和"完美"相去甚远。

第二，迎合。

我的一位来访者，来自一个严重重男轻女的家庭。父母非常疼爱自己的小儿子，而她这个做姐姐的则从小就受到轻视。可是事情就是这么不凑巧，长大后姐姐很有出息，弟弟则三十多岁还和父母同住，成为了"啃老族"。妈妈不断让她资助弟弟，比如给弟弟买房子付首付、把给父母养老的重任放到了她身上等。重男轻女的父母，"扶弟魔"姐姐，"妈宝"弟弟，她的原生家庭就是这样一个组合。而她也一直在付出，答应母亲和弟弟的所有要求。她一直这么做，无非就是为了得到父母的肯定。而她之所以希望得到父母的肯定，就是因为在她的原生家庭，在她的成长过程中，父母很少给予肯定。越是匮乏，就越是渴望。她对父母的肯定特别渴望，所以，才会去迎合父母，也才会给父母"道德绑架"她的机会。

第三，自体的虚弱。

比较容易被人用道德绑架的人，一般都比较在乎"别人的看法"。那么什么人会特别在乎别人的看法？当我们不确定自己到底是一个什么样的人的时候，我们就会特别关注别人对我们的评判。所以，只有自体虚弱，我们才会太在乎别人的看法。

有一部分在工作上不懂得拒绝别人的人就是存有这样的心理。一旦拒绝了别人，别人就会给你随手贴上一个"这点小事都不肯帮忙""怎么这么斤斤计较""小气"之类的标签，这些标签常常压得我们喘不过气来。当我们自体虚弱的时候，别人的这些标签就显得特别沉重。为了不贴上这样的标签，我们只能委屈自己，接受别人对我们的"绑架"，而不会去拒绝别人。

试想，如果我们非常强大，我们就没这么在乎别人的看法，这个时候别人对我们的评判就显得没这么重要，我们也就不会轻易被别人"绑架"。

4

如果生活中遭遇道德绑架的情况，我们应该如何应对？

第一，勇于对道德绑架的人说"不"。

果断的拒绝是对道德绑架者最好的反应。面对道德绑架，我们要知道，不接受对方的要求，哪怕会被对方贴上各种标签，那都不是我们的错。我们也没必要为别人的眼光去买单，别人怎么看我们，那是别人的事。

第二，不苛求自己事事完美。

我们不必完美，有的时候学会放自己一马是非常重要的。要求自己事事完美，无异于把自己放到了一个"高台"上，供别人瞻仰。世界并非非黑即白，我们活得更加实际，并不代表我们就是恶人，只代表我们是血肉之躯，是有需求的、真实的人。

"道德绑架"是一种惯性。我们一旦被人成功地实施了"道德绑架"，那么很可能别人会一再对我们进行道德绑架。而我们一旦中了对方的"招"，这个时候我们再想摆脱道德对我们的捆绑，就显得更加困难。别人会把对我们的"绑架"看成理所应当。

第三，建立稳定的自我。

我们都知道，评价系统分为外部评价系统和内部评价系统。倾向于外部评价系统的人，会更在乎外界的看法；倾向于内部评价系统的人，会更在乎自己的想法。所以，采用内部评价系统的人，不轻易受到外界干扰，不过度在乎别人的想法。

不轻易受到外界干扰，不过度在乎别人的想法，这是很多人理想的状态。那么，我们怎么能够做到这一点呢？这要求我们有"稳定的自我"。只有自我足够稳定，我们才可以不随波逐流，不会轻易被人带走。自我足够稳定，才能做到不管外界发生什么事，我们都稳稳地扎根于自己的内在。外面大浪滔天，水下静水流深。

那么，又是什么促成了"稳定的自我"呢？

美国心理学家科胡特提出了"内聚性自我"的概念。"内聚性自我"的存在可以促进"自我的稳定"。

"内聚性自我"意思是我们的自我有一种向心力，这种向心力把我们自我的各个面凝结在一起，并且非常稳定，稳定到可以经历各种外部事件、压力或者情绪的洗礼，我们的自我仍然稳稳地在那里。

没有形成"内聚性自我"的人，"自我"往往非常容易受到外界的扰动，外界的任何风吹草动，经由各种不稳定自我演绎的内心戏，最后到我们这里，甚至可能演变为惊涛骇浪。具有"内聚性自我"的人，外界环境对我们也有影响，我们也会对外界的各种变化产生各种反应。但是，这种影响并不会导致我们根基的动摇。

如果没有形成"内聚性自我"，那么"自我"就会不够稳定。我们生活中很多的困扰，均来源于此。没有形成"内聚性自我"的主要表现为：

第一，自我怀疑。

如果我们的自我容易受到外界环境的影响，也就是说自我根基很容易被动摇，这个时候很容易出现的一个反应就是——自我怀疑。我们本来的想法是 A，别人忽然跟我们说 B，我们一下子就自我质疑了。

举个例子。我有一个妹妹，当她买来一件新衣服兴高采烈地穿上去上班，如果有同事说她这件衣服不好看，她就会产生一种感觉，觉得这件衣服似乎越看越不好看。

第二，讨好别人。

如果我们的自我不稳定，我们就很容易受外界环境的影响。而这时，如果恰好我们又很看重外界的评判，我们就容易被外界的人、事、物牵着鼻子走。这个时候，我们就容易讨好别人。

我的一位朋友升职后工作很忙，朋友间的聚会去得少了。这时就有其他朋友说，还不是因为你升职了就跟我们疏远了。朋友感觉非常委屈，但是又怕别人真的这么看他，再有聚会他就尽量去，然后半夜回到家再继续没有完成的工作。他把自己搞得这么忙，就是为了一句别人口中的评价。

没有稳定的"自我"，当我们遇到外界消极的环境时，比如道德绑架，我们就更容易被影响，为了讨好别人更容易压榨自己，给自己造成困扰。

所以,拒绝道德绑架,在我们意识到这个问题的第一时间就拒绝,别犹豫。

警惕消极的环境

1

在一次旅行中,我遇到了这样一对情侣:男性目测四十岁左右,女性可能也就二十多岁,男性对女性几乎是彻底的控制。比如女孩去哪里、想做什么、想买什么,全部都要一一请示男朋友;还比如,我和他俩因为去往同一个目的地而再三遇到,当第三次遇到时,我和那位女孩干脆加了微信。女孩的男朋友见状,竟然不高兴。他似乎很介意自己的女朋友交别的朋友。于是,他一边警告女孩不要再跟我联系了,另一边竟然找到我,跟我说:"这是我女朋友,你不要跟她聊天,这占用了我的时间。"从此以后,女孩就真的不敢再和我联系了。

这就是典型的"控制"。有的时候，外界对我们的要求背后，是要对我们实施过度的控制。这在很多关系中都会出现，尤其是亲密关系。比如，以爱的名义进行各种绑架。上面是两性关系中的"控制"，"控制"还常见于亲子关系。

2

我的一位来访者，初三时爆发情绪问题，她在父母的带领下来到我的咨询室。

在女孩讲述的过程中，我几乎听不到她完整地说完一句话。经常是女孩说到一半，她的妈妈就打断她说："不是这样的，我来说吧……"

后来，我不得不把女孩的父母请出咨询室，好让女孩能专心地把话说完。

沟通后我才发现，女孩的问题和他们一家在咨询室中呈现的这一幕有很相似的地方：女孩的妈妈几乎从来不听女孩的想法，对孩子的生活实施了严格的控制。这次情绪的触发事件就是女孩想报考一所合唱团很有名的高中（女孩擅长声乐），妈妈逼着女孩改志愿，名义是"为你好"。这让中考前的女孩觉得似乎自己努力的一切都没有意义，并因此触发了这次情绪问题。

"爱的名义"背后的控制很难被察觉，因为这太容易用"爱"

这个借口给遮掩过去了。就好像旅行中的情侣，男人的控制，很容易被解读为"太爱自己的女朋友，太在乎"；初三女孩的妈妈的控制，很容易被解读为"我是你妈，我还能害你吗？我还不是为你好！"

3

　　控制，是外界给我们呈现的一种消极的环境。事实上，我们生活在外界，可以说无时无刻不在和外界打交道。这个我们所处的外界，经常会给我们很多反馈和评价。但是，这些反馈和评价不一定都是客观的。所以当外界认为我们不好时，第一件事，我们要停下来，先审视一下外界的评价是否有根据。因为有的时候外界的评价也许本身就是有问题的。所以在我们听到外界评价，并且急于作出习惯性改变之前，先看看外界的评价是否客观。消极的外界环境是我们一定要警惕的。

　　除了控制外，常见的外界对我们的消极反馈，还有以下三种：

　　第一，贬低。严重否认对方的努力和价值，把对方的努力、成果、价值说得一文不值，这就是贬低。贬低会严重伤害对方的自尊。

　　有的贬低很明显，有的贬低就不易被察觉。尤其是当外界的贬低是以一种不易察觉的方式长期进行时，很容易造成创伤。

我的一位来访者，在小的时候长期受到地域歧视。地域歧视是人类社会普遍存在的情况，也是一种常见的贬低。但是，说这个现象本身，我们可以理解，如果当我们身处一个地域之中，当地群体普遍贬低外地群体时，这种贬低就非常难以察觉。我的这位来访者就是这样。因为父母长年在外地打工，他和妹妹从小跟随父母在外地长大，也就是从小就受到当地群体的歧视，长期被人看不起。这给他的身心造成了非常大的影响。久而久之，他似乎总是觉得自己低别人一等。这种情况一直伴随他读书和工作。在工作中他也觉得自己低别人一等，非常自卑，并且不合群。

第二，分裂。对人的评价两极分化明显，这就是分裂。比如明明是同一个人，今天因为他做了这样一件事，迎来了绝对的肯定，似乎他身上没有任何缺点；明天因为他做了那样一件事，结果迎来了绝对的否定，似乎他身上没有任何优点。

比如，我们经常说的一种情况：考试。小时候，如果我们这次考试考好了，在父母眼里，我们就是"好孩子"；哪怕只相隔两天，我们考试考砸了，在父母眼里，我们就是非常差劲的人。而事实是，我还是同一个我，两天的时间不足以改变我，无论考的成绩好不好，我的水平都没有改变，态度也没有改变。但是，父母对我们的评价变了，而且是两极分化的评价。这就是分裂。

第三，偏执。有的时候，对一件事情的偏执，可以让我们变得很有韧性、能坚持，也可以让我们在现实世界取得很好的成绩；可是有的时候，这种偏执就显得很苛刻。

比如有的父母要求孩子，一门功课得第一还不行，还要门门功课得第一，甚至得第一还不行，还必须要考多少分以上才可以。诸如此类的要求不胜枚举。

有的时候，当父母对我们长期实施偏执的要求，长大后，我们也会对自己实施偏执的要求。比如我的一位创业的朋友，他就要求自己每天早上五点起床，晨练、看书，然后开展一天的工作，但问题是他打心眼里不愿意做。虽然他不愿意，却长年累月要求自己必须做到，否则就无比自责，觉得自己败给了惰性。这也是一种近乎偏执的自我要求。很显然，太偏执的要求，常常会让我们非常痛苦。

4

所以我们能看到，和我们一直在交互的外界，其实会有各种声音。有的时候是外界的环境出现了问题，而不是我们出现了问题。如果我们被外界的环境绑架，那么当外界呈现的是消极环境时，我们反而会认为是自己的问题。这样就会影响我们的自我评价、自我效能感、自我价值，如果我们深受外界这些消极环境影响，那么我们就会很焦虑。

如何不被外界环境影响呢？

我们要从两方面入手：对外，警惕消极的环境；对内，建立起稳定的自我。

5

我们要尝试去甄别外界的环境是客观的，还是消极的。如果是消极的，我们要远离。

比如前文中提到的"长期受到地域歧视"的来访者的情况。当我们慢慢长大，有了辨识能力之后，我们就知道这是一种社会现象，而且是一种不好的社会现象，和"我们自己是不是比别人差"没有任何关系。我们大可不必自觉低别人一等。

再比如，被男朋友以"爱的名义"控制的女孩。当男朋友对她不满的时候，她应该知道这不是她的错：我交了几个朋友而已，是男朋友太过于控制我。

在自我攻击之前，我们需要先甄别外在环境是不是消极环境，警惕消极环境对我们造成不好的影响。

带着焦虑，
仍然可以好好生活

1

一位来访者找到我，他看起来是一位很体面的公司白领，三十岁上下，文质彬彬，只不过带着淡淡的忧伤。这种忧伤让人无法忽略。

在看到这位来访者的第一眼，我就有一个联想，生活中认识他的女孩子应该感觉这样的男生很有魅力：淡淡忧郁下的寡言，透着些许的高冷。这对女孩子通常有致命的吸引力。

可我是一位心理咨询师，我的职业病让我猜想：这是一位很焦虑的男生。

很快,我的猜想就得到了证实——男生的主诉问题就是情绪问题。

原来,他一直受到焦虑情绪的困扰,毕业后在上海工作了五年,虽然顺风顺水,但是到了适婚的年纪,父母还是希望男孩回家结婚生子。在这样的情况下,他决定回家。

他希望自己以一个全新的面貌回家,所以他走进了咨询室,希望咨询可以改变他焦虑的现状。

只是没想到,这一咨询将近两年,也因为这样,他回家的时间一拖再拖。现在,他原来的焦虑没有彻底解决,又增加了一个新的焦虑:面对父母的"逼迫",拖延回家。

2

你一定想知道,这个在我这里做了两年咨询的男生,最后怎么样了?他的焦虑治好了吗?他回家了吗?

我可以告诉你,他仍然焦虑,但是他已经回家,并且过得很好。前不久,这位男生给我工作室平台的后台留言,跟我分享了他的近况:他找到了喜欢的女孩子,准备结婚了。最后,他还不忘谢谢我当年对他的帮助。

我到底做了什么呢?其实,我并没有什么"回天大法"。我们的咨询最后停留在一句话上:带着焦虑,你仍然可以很好地生活。

至今，我仍然记得那个场景。当时，我们已经花费了很多的时间来讨论是否结束咨询。那是寻常的讨论结束咨询时候的一个场景。

他说："老师，怎么办，我觉得我离不开咨询，我仍然焦虑，咨询就是我的药。"

我说："没关系，带着焦虑，你仍然可以生活。"

说完，我看着他。

他当时身体颤抖了一下，接下来是长时间的沉默，头越来越低，像是在思考。忽然，他抬起头，目光炯炯。我从来没有看到他身上如此有力量。他问我："真的吗？"

我迎着他的目光，郑重地点了点头。

他看着我，身子往后一倚，整个人瘫软在沙发里，浑身似乎一下子就泄了劲。有那一刻的对比，我才发现，原来之前他的身体是多么紧绷。

他开始哭，哭了良久，又是沉默，然后淡淡地说："我一直以为，焦虑会生吞活剥了我，我一直以来那么努力地跟它做斗争。原来带着焦虑，我也可以好好生活。"

3

很多人总有一种想法：等我处理完我现在的焦虑，我就可以开始好好生活了。而在处理完这个问题之前,我的"重新开始的生活"只能拖一拖,等一等,再等一等。

为什么我们都习惯性地有这样的想法?这源于两个问题:

第一,我们对情绪的不接纳。我们通常认为,所有负面的情绪都应该彻底清除掉。因为负面就是不好,不好的东西当然应该被消灭。

可是,事情的转机往往来自接纳的那一刻。当你接纳它,它反而就离开了。

比如我的一位朋友,她与她的抑郁相逢在她初中的时候,然后,她和抑郁展开了一段旷日持久的拉锯战。她的抑郁情绪时好时坏,断断续续持续了四年,直至她高中毕业。

她非常排斥这种情绪,每天醒来都痛恨为什么自己会有这种情绪,到底什么时候是个头。在极度的排斥中,她非常痛苦。最后凭借极大的毅力,她完成了高中的学业,并且考入了一所名牌大学。

她说,个中艰辛,只有她自己知道。

她仍然记得那个有着历史意义的时刻:在高考最后一门考试结束后,她回到家,瘫坐在正对着电视的沙发上——那是整个客厅看电视最好的视角。她想,终于考完了。似乎人生最重要的事情终于结束了,于是她暗暗对自己说:"今后如果我再心情压抑,不想看书,就一个字都不看。我再也不会逼着自己读书了。"

这是一个转折点。就是从这个时间点之后,她的抑郁竟然奇迹般地一扫而光。她并没有真的"一个字都没看",相反,大学四年,她是学生会干部,还拿了三年的二等奖学金。

为什么会出现这样的神奇转折？这其实是一种"放弃"。放弃的背后，是一种接纳：抑郁情绪，你来就来，我再也不会跟你对抗了。

4

让我们想要消灭负面情绪的第二个原因，是我们全能的掌控感。

再举一个我的来访者和她的焦虑相处的例子。她是一个很高效的人，但是人不是机器，事情也不能总按照她的想象一帆风顺地进行。在效率低的时候，她就会异常焦虑；而当她焦虑的时候，效率只会更低……这简直就是一个无限死循环。

而她的焦虑是分时间段的，比如每天早上。因为对自己有很多期待和压力，所以早上和上午，她比较容易焦虑。但是这种情况一旦过了中午，就会大幅好转。

她最怕早上的焦虑。她经常因为早上抑制不住的焦虑袭来，在这种感情里挣扎和纠结，以至于一上午的情绪都很差。为什么早上焦虑会让她更加无法接受？因为这意味着："天啊，我的一天可能就要这么毁了。"

转机发生在忽然有一天，她自己意识到了这一点：自己的焦虑是分时间段的。那这样好了，焦虑的时候就焦虑吧，而自己总有不焦虑的时候，不焦虑的时候再来做事情。

这个时候，她就接受了一个事实：也许，她的生活就是这样，不可能每天都能开心圆满，也许注定有的时候会有各种瑕疵出现。她放弃了对自己的全能掌控，开始接纳一些客观的、正在发生的事实。

5

其实，心理咨询的很多流派对此都有表达。

美国麻省理工学院乔恩·卡巴金教授创建的正念冥想就非常典型。正念冥想不是让你完全不能去想不好的东西，包括事情、情绪和感受。而是一旦这样的感受出现，就静静地看着这种感受，看着它如何升起，如何发展，如何灭失。

无独有偶，被誉为"东方正念"的森田疗法，它的精神核心就是"顺其自然、为所当为"。人们带着症状，仍然可以很好地生活。

此外，精神分析也认为，任何情绪的存在都是有价值的，不应当压抑自己的情绪，应当看看情绪背后是什么。

既然如此多的心理学流派都对此有重要的表达，我们应该从哪几方面着手，让自己能够做到"带着情绪仍然可以好好生活"？

可以尝试从以下三个步骤做起，时间长了，我们会渐入佳境。

觉察到自己的情绪。看到自己的情绪到底是如何生发出来，然后，就是静静地看着自己的情绪，不去评判它。

接纳自己的情绪。不给情绪贴标签，无条件接纳自己的情绪。因为无论好坏，其实都是自己的东西。

看看情绪背后是什么。任何情绪的背后，都有意义和价值。当我们做好准备，就可以去看看背后的东西到底是什么。这个时候，我们就准备好迎接终极的答案了。

带着焦虑，我们仍然可以好好生活。

肆

找到自我，疏解焦虑

人人皆自恋

1

我的咨询室中,走入了一位让我感觉"使不上劲儿"的来访者。

来访者是一位三十多岁的女性,主诉情绪问题。她来到我的咨询室寻求帮助的时候,已经出现睡眠障碍,并且已经影响社会功能,问题比较严重。

为什么我感觉使不上劲儿呢?因为,来访者明明是来到咨询室求助的,但是她一直表现出端着的状态,摆出一副"我没什么事,我就是过来聊聊"的架势。

同时，她对心理学和心理咨询也表现出不屑一顾。比如说，她经常会打断我的话，抢着说"我知道你说的那个概念"，说的时候还会眉毛一扬，露出一些挑衅的神情，好像在说："你就这点东西啊，没有什么高深一点的吗？"

即便我给她一些建议，她也不会去尝试。

就这样，我对来访者的反移情是——我使不上劲儿，似乎帮不上来访者。

移情和反移情都是心理咨询的突破口。从我的反移情中，我重新感受了一下来访者：来访者以求助的目的来到咨询室，但是给咨询师的感觉却是我不需要你们的帮助。事实上我们感受一下这句话，它的意思其实是：我不需要任何人的帮助，或者任何人都帮不了我。

"任何人都帮不到我"，这是一种"自恋"的表现。

对于自恋，我们更多想到的是"自我感觉良好"。事实上，自恋的表现很多。自恋的人，会过度以自我为中心。带有这样特质的表现都有自恋的味道，包括：自我感觉良好，感觉自己的痛苦别人理解不了，自己的伤痛没人帮助得了等，这些都是自恋。

自恋和自信有一个核心的区别，简单来说，自恋的人内心是空的，自信的人内心是实的。

每个人都多多少少带有一些"自恋"的特质。

那么，自恋到底是什么，又是怎样形成的呢？

2

看起来非常自信,对自我价值过高估计,对他人价值评价较低——这是自恋的人的基本特征。

从发生学角度来说,自恋是心理发展中会出现的一个正常时期,这个时期被称为自体恋阶段。科胡特(Kohut)认为,自恋是力比多对自己的投注。

力比多,即性力,由弗洛伊德提出。这里的性指的不是生殖意义上的性,而是一种本能,是一种力量,是人的心理现象发生的驱动力。我们可以简单把力比多理解为生命的一种原始本能的驱动力。

那么,科胡特所说的"力比多对自己的投注",又是什么意思?

这就要追溯到我们出生的时候。

我们在出生之后,会有一种本能的感觉:我们是无所不能的。这也是自恋的第一个阶段:未分化和无客体阶段。

后来在实际的生活中,这种感觉难以长久维持,它会迅速被父母破坏。道理很简单,父母在满足孩子方面,无论是出于主观还是客观,总是有不能满足的时候。这个时候我们的全能感就受到了破坏,但是这并非坏事。

如果在养育孩子的过程中,让孩子"适度受挫"——这个挫败是孩子能够承受的,那么,孩子将开始意识到客体的存在,并且逐渐收回对父母的完美投射。同时,孩子本身原始和自我夸大的感觉也会逐渐被驯服,这就意味着适应了现实。

久而久之,这种结构被整合到成人的结构中,并为我们的自我适应行动和我们的自身提供能量支持,呈现出一种对自己、对客体,都不要求完美,都不强求的状态。也就是说,努力去做,能做到最好;不能做到,也不过分强求。科胡特把这个运作过程称为"转换型内化",也称为"过渡客体"。

这就进入了自恋发展的第二个阶段。

3

力比多对自己的投注之前,一定发生了一件事情,那就是力比多向外界投注的失败。

我们在成长的过程中,如果没有人为过分的影响和不当干预,我们的心理一定有一个阶段,是看到外部世界的过程。这个时候,我们走出自我的界限看到了母亲,通过母亲看到了不同的人际关系;又看到了父亲,通过父亲看到了更加复杂的规则和现实世界。这个时候,就伴随着我们的"本能",也就是力比多向外投注的过程。

但是,如果向外投注的过程中,外界的反馈实在太差,必然引起我们无比的失望。一次的失望并不足以阻碍我们向外投注的步伐，我们会继续我们的努力和尝试，终于在一次又一次的尝试均以失败告终之后，由失望转变为绝望。

比如，用"给孩子买玩具"举例。如果孩子总是渴望得到一个玩具，父母从小到大都没买过，不仅视而不见，听而不闻，完全无视孩子的需求，不做任何解释和安抚，甚至还会打骂孩子。孩子就会体验到彻骨的绝望，这就是力比多对外投注的失败，而且是一次又一次的失败。这个时候，在绝望中，我们不得不收回那些投注到外界的力比多，转而向内投注。

所以每一个自恋的心理的背后，其实都是经受了无数次向外伸出自己的触角，结果总是以严重的失败告终的过程。

力比多向内投注是被迫的。这样，我们也就能从一个整体层面上大致理解，为什么每一个自恋的人，他们都是脆弱的。

4

那么我们就能看到，"适度挫折"对于心理的发展是有好处的；而"太大的挫折"或者说"太低质量"的回应，对心理的发展危害很大，因为太大的挫折直接导致依恋失败。依恋失败，导致自恋。

那么，问题来了，什么是"适度挫折"？

我们再用"给孩子买玩具"举例。

如果一个孩子，总是不停地想要买玩具，看到什么都想要。这时，父母无论从各方面，都存在不能次次满足孩子的可能性。但是，父母又并非每一次都粗暴残忍地拒绝孩子。多数父母的表现会是：可能会给孩子买几次，或者和孩子约定，每次出门只能让孩子选一个，而不能看上哪个都买。其实，这样的满足就是带着"适度挫折"的满足。孩子被满足了一些需求，也感受到了一些不被满足的挫折。

事实上，这个度很难把握，而这也是父母们最焦虑的一点。我们很难人为去设计一个适度的挫折。有的时候，父母认为是一个小挫折，可能在孩子心里影响很大；有的时候，父母觉得问题很严重，实际上可能对孩子而言并没有什么，只是父母的过度保护。

所以，现实中孩子很难"完美无瑕"地度过这一时期，父母的反馈不知道在哪个方面，多少都会给孩子带来一些未满足感或者说缺失。

如果缺失的情况比较严重，那么这个时候，孩子的心里就会始终存在一个严重缺爱的内在小孩。孩子的内心是匮乏的、脆弱的、空虚的，这会带来自卑。而且这个严重匮乏的内在小孩并不会随着我们的长大而长大，他会一直在那里。哪怕有一天我们自己已经为人父母，甚至儿孙满堂。

同时，因为缺失照顾的情况比较严重，孩子并不能很好地从"无所不能、未分化"的第一阶段向"逐步指向现实"的第二阶段发展。这导致"全能感"一直都在。

为了满足自己被过分夸大并且始终没有回落到现实的全能

感，孩子对自己的要求也很高，于是被迫发展出一些"看起来很厉害"的技能，来满足自己"看起来很厉害"的要求。

这个时候，就会出现这样一个情况：外面很成功，内在很空虚。对应到内心的状态就是：看起来很自恋，事实上很自卑。内心的空虚和外面看起来的强大需要一个平衡，自恋就是一个平衡。

这种自恋带来的平衡，其实就是在替代自尊带来的平衡。

科胡特说，自恋带来的痛苦，主要源于没有能力在心理上调节自尊并把它维持在一个正常水平上。因此，自恋和自尊感有关——自恋是在努力保持一定的自尊，让自己是没有被贬低的、有价值的。

5

自恋，对于人际关系的影响是最直接的。

自恋的人看起来孤傲、不合群，似乎是因为对别人要求高，所以对谁都看不上。因此，自恋的人处在相对"与世界隔绝"的状态，他们和外界的一切慎重地保持着一种不远不近的距离。太近了太琐碎，太远了又影响现实融入。太远或太近都不够好。

从另一个层面，自恋的人与其说不愿意和别人建立亲密关系，不如说没有能力和别人建立亲密关系。因为一旦建立亲密关系，自恋的人就会面临"自我暴露"的风险。一旦自我暴露，这种勉力维持的平衡就会坍塌。这对于自恋的人是不能接受的。

6

自恋的人对自己要求高、对别人要求高、对事情要求高,觉得谁都配不上自己,孤傲、不合群,以及认为别人永远知道自己是怎么想的,默认别人的想法和自己的想法一定是一样的,这些都是自恋的人的表现。

自恋就是多多少少、程度不一地没有看到现实的客观世界。现实客观世界藏着所有的答案,它会告诉我们,我们到底几斤几两;它会让我们看到现实生活中,周围人真实的存在和他们真实的想法;它会让我们更加客观和理性地去处理问题;它会把我们从"自我"的世界中拉出来,拉到光怪陆离的现实世界中。

要解决自恋问题,我们可以尝试:

第一,放低对自己的价值评估。自恋的人往往容易自我评价过高。这是下意识的行为。当在生活中,我们遇到一些事情,不由自主地开始对自己评价过高时,我们可以第一时间提醒自己,警惕对自己过高的评价。

第二,尝试看到他人的价值。走入现实的一个关键就是走入人与人之间真实的关系。走入人与人之间真实关系的关键,是我们要真正看到对方,看到对方是什么样的人。尝试看到他人的建议、言论和想法,对他人给予的意见和建议,尝试做一下思考,并且纳入到自己的体系中来,而不要固执己见。

第三,放低对他人的要求。自恋的人对自己的价值评估过高,就容易要求他人也要很优秀,才能"配得上"自己。尝试放低对他人的要求,这会让我们更容易走入人群,并且获得更多的与他人之间的互动和关系。在这些互动和关系里,也存在着巨大的疗愈力量。

最后,看到周围的资源,并让周围的资源支持到自己。自恋的形成过程中,很重要的一个问题是:力比多对外界投注失败,而"不得不"投注到自己身上。在无数次这样的尝试中,我们经历了彻骨的绝望。尝试去看到外界的资源,并学会利用资源,将资源用来支持自己的发展,这就是再次尝试从外界中获取支持。我们尝试再次将力比多投向外界,当这样的尝试足够多,我们也积累了足够多的成功经验之后,我们就有机会修通幼年时没有修通的道路。

与自己和平共处

1

最近新家装修,刚装完家具,家里有一百来个包装箱需要清理出去。于是我找了一直给我家清洁卫生的阿姨,请她来帮忙清理。没想到阿姨拒绝了我。

我有点吃惊。有钱不挣?何况这应该算一个不错的活儿:不止清理能赚钱,清理完的纸箱卖一卖,也能赚钱。

阿姨拒绝我的理由是:纸箱太多了,自己一个人清理太累了。

我一直很喜欢这个阿姨。她总是把自己收拾得很体面,干干净净的,细节方面也总是肯花些小心思,每天不疾不徐、淡定从容的样子。她来我家清洁卫生,总会和我家的两只猫主子说话,轻声细语，说说笑笑，逗它们玩，自得其乐。让人觉得，这样一个四十多岁的女人活得像个少女一样单纯和满足。

我很清楚地记得，有一年夏天的午后，我在小区碰到了阿姨：她骑着自行车，挂在车把手的手提篮里放着菜，车把手前面的车筐里放满了鲜花。

午后明媚的阳光洒在她身上。她看到我，很远就开心地笑了，跟我大声地打着招呼。在那一瞬间，我在她身上体会到了一种岁月静好的感觉。

这种感觉，我在和土豪闺蜜们喝着昂贵的下午茶时没有体会到，和精英朋友在豪车里没有体会到，我一个人在所有人都羡慕的旅途中也没有体会到。

在所有的这些场景中，我能回忆起来的是所有人都在诉说自己的求而不得，爱而不能。这些人永远都在焦虑。

2

记得小时候，北方的冬天似乎特别冷。下雪天道路结冰，我骑着自行车，北方的风像小刀子一样一刀一刀地割在我脸上，手套戴了两层，还是扛不住冷，为了抵挡从家骑到学校这半个小时的寒冷，我穿在身上的衣服厚得胳膊和腿都打不了弯儿。

因为地上车辙都被冻住了，每年冬天，我都会因为自行车轧到车辙边上，然后摔倒几次，摔在地上好疼啊，而且好丢人。

那个时候，我总在想：如果有一天，我能开上车该多好啊。

今天，我开上了车，却没有像想象中那么幸福。

我仍然是那个焦虑的、抑郁的、敏感的、紧张的人，一刻都不能让自己放松；我仍然是那个初中备考、高中备考的女学生，每天都在重压之下紧张兮兮，似乎每一个坎都是过不去的坎；我仍然看不到自己努力争取到了什么，看不到自己拥有什么，看不到欣赏、信任、爱我的人，更多的是看到生活中的无奈、委屈和压抑、挫折。

数九隆冬，我开着车，功能很好的空调迅速让车里暖了起来，收音机里传来轻松的音乐，加热后的座椅温暖地包裹着我。

我手握方向盘，脑子里却炸开了锅：这个案子好久没有进展了，问题出在哪里？那个案子最近持续出现阻抗，怎么处理？督导课上次都没有时间去，哪天要补听？明天还约了我的分析师，这次要讨论什么呢？上一篇稿子又被毙了，怎么办？

问题一直在变，不变的是：我永远都在焦虑。

当然，我知道，不只是我在焦虑，很多人都这样。尤其是那些看起来生活得相当不错的人、"外人"羡慕的人、希望自己有一天能成为的人，走进他们的生活，你会发现：其实也就那么回事。

3

生活压力大，这是一定的。没有人是容易的。

上班的人，每天除了要完成工作任务之外，还要处理复杂的人际关系，搞好和上司的关系，平衡和下属的关系，每天上个班要钩心斗角、运筹帷幄。不知道的，还以为在斡旋诸如国家局势之类的大事，人累，心更累。

上班族羡慕自由职业者，好像他们印象中的自由职业者是每天都能睡到自然醒，时间自由，想干什么干什么。

自由职业者确实可以想干什么干什么，但是如果挣不来钱呢？所以自由职业者也会羡慕上班的人。

我的一位来访者是古筝老师，在家照顾孩子的同时开兴趣班，教少儿古筝。但是，她忙的时候吃饭都没有时间，闲下来时挣不来钱的焦虑又让她坐立难安。

我的一位心理咨询的同行，在做完一天的个案后心力交瘁，晚上八点多回家真的就只想睡觉……他曾经跟我感慨：这个世界上，最轻松的就是上班。

我特别理解他。自从我开了自己的工作室之后，我对周末的概念就变得非常模糊，经常不知道今天是周几。当然，在周末或者五一、十一这样的假期，早上五点半起来写作也是家常便饭。通常是你上班还没到公司的时候，我已经上了半天的班了。

我的一位开酒吧的朋友，外人看起来风光体面，挣钱也不少，人前人后都是被人"老板老板"地叫着。但是就在上个月，他觉得压力大，不干了，直接把酒吧转让出去。我以为他憋着什么大招，他苦笑："我哪有什么大招，太累了，身体累，心更累，感觉身心都要崩盘了，休息一段时间吧。"

4

我们之所以焦虑,更多的是因为:生活纵然不易,我们也没有放过自己。

在这种重压之下,我们又给了自己更多的压力,给了自己更多的要求和勉强。我们永远希望自己能更好一些,再好一些;努力一点,再努力一点。

但是,一味地勉强自己,并不一定是好事,每个人都有合适自己的位置,找到合适自己的位置很重要。

我的一位来访者是二级建造师,在一家上市公司做工程部门专业序列的高级经理。但是相比专业序列,管理序列显然会显得一个人更加牛气,说出去也更有面子。"我现在是总监,管着几个部门,手底下带着一个多少人的团队……"所以,他拼命想要转到管理序列。殊不知,每个人的能力是不同的,适合专业序列的人走管理序列的路,简直就是要命。而且要的还不是一个人的命,要的是一个部门的命。

关键是,他自己干着也并不开心。

以前,他每天更多地跟客观的"工程"打交道,现在他更多地跟人打交道。而他处理人际关系的能力很弱。所以,他每天都在"怎么跟供应商谈判""怎么跟下属沟通这季度没有晋升""怎么跟老板汇报项目拖延的原因"上,持续拉锯。

管理岗位的工资是之前的三倍,但是他的焦虑何止十倍。

5

除此之外,多看到自己已经拥有的东西,而不是总盯着"已失去的"和"得不到的"。

著名心理学家李子勋先生曾说:人的幸福和自在,其实不是来源于多么复杂和高级的东西,而是"自取所需"和"随遇而安"。

"自取所需"的意思是我们的生活只要搭配一般的、基本的需要,就能拥有满足感;"随遇而安"就是不管处于什么环境下,都用接纳的心态去面对自己的生活,无论什么环境都是生命应该刻画的轨迹和需要经历的体验。这一切都是资源。

听起来简单,其实是一种很高级的状态。

所有的一切,你都全然看到,并且接受,而不是盯着自己没有的东西不放,也不会永远勉强自己去做那些看起来"更好的选择",才会自得其乐,自由自在。就好像给我家清洁卫生的这位阿姨,清理一百个纸箱子,这个钱可挣,可不挣。她不是土豪,谁不愿意挣钱?但是,挣这个钱就意味着要很辛苦,她不想勉强自己。不是她懒,而是她选择了让自己更平衡和更舒适的空间,这个空间是适合自己的。

不勉强自己,让她更从容。

6

与自己相处，处理好和自己的关系，是非常重要的议题。

与自己相处不是一件容易的事。

一个人独处，可能会有高峰体验，也可能会伴随着剧烈的冲突。一个人独处，是与自己短兵相接的过程，这中间将不再有任何的遮挡。

我们总有这样的感受：一个人待着容易瞎想，忙起来就好了。

所谓忙起来就好了，其实就是让自己"不去想"。我们让一些事情参与进来，进而将我们与我们自己内心一部分不安全的感受隔离开来。这样，我们就获得了暂时性的内心平和。

但是，长时间的独处，一定会让我们有大量的时间跟自己在一起，中间没有隔离物，我们与自己相处得好不好，完全取决于我们自己是否有一个稳定的自我。

心理上的很多高峰体验，往往是在独处的时候获得的。原因就是，我们有很稳定的自我，我们可以和自己相处得很顺畅，没有或者极少有冲突。这时，我们完全可以自在地独处，并且在这种情况下，很多高峰体验得以出现。

乔布斯在生前曾有习惯，在面临重大决策前打坐，这就是与自己的独处。

而自我不够稳定的人，在独处的过程中往往冲突很多。哪怕一个很小的决定，也会让人内心冲突剧烈。如果是这样，我们当然就无法和自己自在地相处。

所以，不能独处，不仅仅是因为害怕孤独。还可能因为我们不懂得如何处理与自己的关系，也就是自我的稳定性较差。

7

多和自己的内心对话，多问问自己到底想要什么，尝试了解自己，不勉强自己，是建立一个稳定自我的开始，也是和自己自在相处的开始。

人生的很多高峰体验，都是在独处的时候发生的，因为，独处的时候，我们的能量是指向内的。如果能做到这点，你会发现，独处也许是这个世界上最美妙的事情之一。

没有爱好，
小心玩自己

1

我的朋友娟子是个 1990 年出生的妹子，最近一段时间，她越来越感到生活很无聊。在无聊的生活里，好像没有有趣的事，只剩下跟自己较劲。她跟自己较起劲来，倒是不亦乐乎。

一天我们一起吃饭，她问我："你是心理咨询师，有什么好的建议吗？"

我问她："你有爱好吗？"

她说："从小到大，我没有任何爱好。"

于是，我建议她，不妨培养一项自己的爱好。

想象中应该很简单吧，结果大出所料。她培养不出任何自己的爱好。任何的行为都像是一种负担。健身、游泳、羽毛球、古筝、画画、唱歌……她都尝试了一遍，没有任何一项可以提起兴趣。

为什么我建议朋友去尝试发展一项自己的爱好？

爱好，是我们对一件事情的投注。如果有一件事情，可以让我们去投注注意力和精力，那么我们的一部分能量就有地方安放，并且这种安放本身，是指向我们所喜爱的事情，是一种积极的表达和承载。如果我们对外界的事物没有兴趣，也就是没有自己的爱好，我们的注意力和精力就无处安放。无处安放的注意力和精力，就会指向我们自身或者周围的人，这个时候，就会体现为我们很爱较劲。要么和周围的人较劲，要么和自己较劲。

2

爱好的存在，是我们和世界之间的桥梁，也像是一个管道。每一个爱好都是连接我们和世界的管道。通过爱好，我们和世界有更多的交互。

拿我自己举例。

我的爱好是心理学、健身、写作、旅行和美食。

就拿健身举例吧。以前的我是什么样的呢？以前的我完全没有运动细胞，是一个体弱多病、小学时连体育课都不上的"病秧子"。当我一头扎到健身这个领域，并且越走越深入之后，我的运动细胞被激活了，瑜伽、"撸铁"、跑步、爵士舞，我从一个"病秧子"变成了今天的"运动达人"。我切实感受到了健身的乐趣：在练习瑜伽的时候，我通过呼吸感受到了身体的扩张与收缩，以及伴随的身体的紧张与放松；通过每一个体式，去享受体式带给身体的好处；通过瑜伽的不同流派，我还感受到了不同的瑜伽大师对于身心合一的理解。再深入，当我的爱好从瑜伽扩展到"撸铁"之后，我发现瑜伽是对筋骨的练习，而"撸铁"是对肌肉的练习。再深入，当我又开始每天跑步之后，我了解到了有氧运动和无氧运动的区别，以及如何科学运动、科学组合为身体带来的事半功倍的好处。

所以，对于我来说，健身就是一座桥梁。我对健身的爱好，让我从健身这个角度，对世界多了一些了解，进入了这个世界上存在着的"健身"这个广阔的领域。

3

与此同时，爱好也是自我的延伸，是自我的一部分。我们的爱好其实在表达我们的内心，是我们的一部分。

我们可以从梵高的画作中，去尝试了解他的内心世界，因为梵高的画作就是他某时某刻对某件事情的某种感受的表达；我们从达·芬奇的人物性格、生平经历中，可以尝试解开蒙娜丽莎谜一样的微笑到底在诉说什么，背后的逻辑也是因为《蒙娜丽莎的微笑》是达·芬奇的画作，自然也表达了达·芬奇的内心。

所以，我们的爱好所指向的事物，就是我们自我的一种延伸。从这个角度上，也可以说我们的爱好越广泛，自我的表达渠道就越多，自我的表达也就越通畅，自我就越扩展。如果我们的爱好很广泛，其实代表了我们有很广泛的时空感。因为自我可以延伸到各个领域，并在各个领域都有非常好的表达。

因此，如果我们看一个人爱好很多，多才多艺，我们会觉得这个人生活很有趣，内心世界很丰富。

比如我的一位朋友，相比于工作上的成功，他其实更是一位生活家。他爱好广泛。他会计划下班去小剧场听相声，周末去北京郊区某个非常美的民宿住一晚，或者春节去看极光。

他的爱好广泛，就拓展了他的时空感。

在他的世界里，他与世界的交互就是多元的。他可以去北极，可以享受传统艺术，还能泡在浴缸里看星空。而与他形成对比的，就是文章开头的朋友娟子。娟子没有爱好，就会表现得很"宅"，对任何事情都提不起精神来，她的世界除了工作就是工作。悲欢离合都围绕着工作。娟子的空间就显得要小得多。

4

反过来，爱好也滋养着我们的生命。既然爱好是我们与世界之间的一座桥梁，那么外部世界的养料，也会通过桥梁传导给我们。这就体现为，爱好会带给我们很多好处。

第一，对身体的好处。

比如，我曾经因为压力和情绪问题，体重一度飙到 130 斤，而持之以恒地练习，不仅让我成功减重 25 斤，而且练出了 6 块腹肌，体脂率 15%，收获了健康的状态。

第二，对心灵的好处。

很多爱好可以帮助我们排解自己的情绪。

我的一位来访者，40 岁，女性，通过马拉松，她不仅减重 30 斤，改善了身体上的很多问题，而且"跑马"还伴随她走过了人生中一段非常抑郁的时光，让她重拾活力。两年的咨询结束，她完全变了一个人。刚来到我的咨询室的时候，她是一个比较臃肿、缺乏活力、死气沉沉的人，而两年之后，她看起来年轻了十岁，已经是一个苗条漂亮的女人，看起来非常轻盈，有活力。两年的时间里，她似乎真的逆生长了。

此外，有的爱好可以让我们更开心，生活更丰富，更有质量，这对我们的心灵也有很多好处。比如著名好莱坞华人女星刘玉玲，在成年之后学习油画。这不仅陪伴她走过了人生中一段低谷期，而且她的绘画水平已经到了很高的程度，在全球办个展，并且得到了业内专家的一致认可。

第三，可以扩充我们的知识积累、眼界，扩大我们的世界观。

我的一位朋友喜欢潜水，于是她在考下来潜水证之后，就到世界各地非常美的水域去潜水。在这个过程中，她不仅掌握了潜水的知识和技能，而且她也因潜水去过世界上很多地方，看到了无与伦比的水下世界。同时，她还在这个过程中，结交了很多志同道合的朋友。而这些朋友又会给她带来新的资讯，这些信息又会为她开启全新的世界。

所以，培养爱好吧，哪怕一项。从这一项开始，说不定就打开了一扇门，这扇门的背后，有一个全新的世界等着你。

5

那么，如何培养一项爱好呢？

首先，大胆去尝试。当我们成年后，想要培养一项爱好并不容易。因为我们很多天然的兴趣，很可能在小的时候已经被关闭了。我们要有心理准备，那就是培养爱好可能并不容易。有了这个心理准备之后，我们要做的就是大胆尝试，不给自己设界限。

其次，坚持。很多事情只有在坚持了一段时间之后才能入门，入门之后才能享受其中的乐趣。甚至很可能在我们感受到了这件事情能够带给我们好处之后，才会喜欢上它。在此之前，我们要做的就是尝试坚持，不要轻易放弃。同时，在坚持的过程中要注意两点：第一，不要给自己太大的压力，给自己一定的空间；第二，始终尝试去发觉其中的乐趣。

请相信，你出生到这个世界上，不仅仅为了工作，一定还有很多本身的乐趣，可以在这个世界中表达，这样的生命才更加丰富多彩。

如果我们没有爱好，我们的精力就没有地方可以投注，最后只能更多地投注到我们自己身上，也就是跟自己较劲。

所以，我不仅建议你培养一项爱好，我还建议你在交朋友的时候，也注意朋友有没有爱好。一个有爱好的人，他（她）的内心不仅更加丰富，而且更加健康。

如何找到生活的意义？

1

你是否有过这样的经历：有那么一段时间，找不到生活的意义。所以显得很迷茫、没有动力。直到下一个目标从渺渺茫茫的感觉中露出头来，你才能重整旗鼓再出发。

这里所谓的"没有动力""不知何去何从"，就是生活中找不到目标带给我们的感受，而目标就指向意义。

周星驰曾在电影里说："做人没有梦想，和咸鱼有什么区别？"

这里的梦想，指的也是意义。这么看来，意义就显得很重要，它似乎承担了我们生活中很多行为的动力来源。形象点说，我们的生活被一个叫"意义"的东西，提纲挈领式地组织起来，提供动力并且指明了前行的方向。否则我们的生活就像一摊烂泥，瘫软在地上，动弹不得，没有形状。

2

意义到底是什么？它又为什么如此重要？没有意义会怎么样？

别着急，我们慢慢来看。

意义，只产生于三元层面。其实，当我们进入三元世界，我们就会不自觉去寻找意义。这几乎是一个"自然而然""下意识""自发自愿"的动作。

为什么？因为我们有需求。

那么，我们对于"意义"的需求是什么？

事实上，任何一个人的存在状态，都是一元、二元、三元同时并存的状态，并不是当我们的心理发展进入三元后，一元、二元就自动消失。

当我们进入三元世界后，一元的感受并没有消失，而是一直存在。同时，一元感受需要有地方得以安置、表达和满足。所以，这些感受放在哪个层面是最好的呢？我们会自动给这些一元感受需求寻找出口。

如果只是放在一元层面，一元感受也就是代表一些需要的内在感觉，这些需要在感觉层面是不可控的，它们不受控制地来来回回、起起落落。

进入二元关系后，在情感层面，我们对于感受的控制会好一些，但是因为二元关系更多依赖"他人"，"他人"仍然有不确定性，因此也不可控。

只有到了三元规则层面，感受才可控。因为三元层面指向的是客观现实和规则，是一些符号化的东西。在这个层面，我们的一元感受上的需求，可以用三元世界中符号化的方式来满足。

这是最可控的方式。

因此，当我们终于有能力进入三元关系时，我们就有动力将内在一元感受向三元层面推动和转化。这个转化的过程，就是我们对于意义的原初构成过程。因为每个人的感受不同，所以每个人对于意义的认知和界定都是不同的。

3

可是，这也带来一些问题。虽然因为其"符号化"的特点，三元层面最为稳定。但是，符号化本身却是一个双刃剑。

符号化，一方面让欲望的表达在三元层面变得更加稳定和可控；另一方面，符号化的东西会让人产生"空乏感"。

比如"钱"就是典型符号化的一个东西。我们赚钱，背后一定有一个"为了什么"。

"为了什么",这就是意义。

一个三元价值上的意义,可以把我们相对比较稳定地悬挂住,以至于我们不会轻易跌落下来。如果我们只想着为了挣钱而挣钱,我们就会有空乏感,这个空乏感甚至让我们不能挣更多的钱。如果我们一边赚钱,一边觉得自己在做一件有意义的事情,这相对来说不会让我们觉得空乏,持续的时间也久。

所以意义是一个确定价值和目标的方法,让我们追逐欲望的同时,把我们固定在一个地方。

当然,从"究竟"的层面,"意义"本身也是空乏的。因为"意义"本身也是一个符号。但是在特定的时空环境当中,有了意义,我们就获取了暂时的目标和价值,也就不再空乏。

这就是像文章开头提到的那样,一旦没有意义,我们就会出现种种"症状"。这些"症状"都指向"空乏"。

4

既然意义如此重要,我们要寻找什么样的意义?

"意义"这个东西,不能太个人化,应该有广泛的接受性。因此意义最好和更多的客体或者外界有关,而且越广越好。

从这个角度说,"意义"有大小之分。

比如，我要努力工作，为了赚钱买房子。如果我只是为了买房子，这也是个意义，但是这个意义不大；如果我买大房子是为了小家庭，那么这就是一个大一些的意义；如果我买大房子，是为了一家三代五口人，那我就是为了五口人奋斗，这个意义就更大。

以此类推：我努力挣钱，不仅仅是为了买房子，而是为了一个地区，一个村子，一个社区，那么这个意义就又不同了。有的人的努力，是为了国家和民族，这个意义就更大了。

意义越大，走得就越远。

这又是为什么？

5

首先，三元层面本身就是利益层面，各种欲望和需求都通过符号化的东西被度量、表达和满足。

在三元层面，意义无非就是让方方面面达到平衡，让利益成为共有的意义。

让"意义"和更多的人有更广泛的联结，意味着你能得到更多人的支持，让更多的人和你一起朝着同一个目标，实现同一个意义。

一个意义，如果太个人化，我们是得不到别人的支持的，除非我们自己的高度已经超越了大多数人——这似乎不大可能。

比如，我想买一套大房子，跟别人没关系，别人不会支持我，我只能靠自己的努力。再比如，我做心理咨询师，我认为很有意义，因为在社会系统中，心理咨询师是一个边界的确定者，是有社会功能的，那么我做咨询师，跟其他咨询师就有了共同的意义，同时我还会得到社会更广泛的认可。

涉及的范围越广，得到的认同越多，意义越大，在三元层面的显现也就越多，带来的结果很可能就是更容易成功。

所谓"不忘初心"，这里的"初心"，指的就是在做一件事情最开始的时候确定更高的"意义"。而这个"意义"，不要在后来追逐符号化利益的时候被彻底覆盖掉。那样就本末倒置了，你一定走不远。

同时，三元的意义会回落到一元的感受，感受产生驱动力。

6

很多人做事情好像有很多意义，但是仍然会觉得很焦虑。这又是为什么呢？因为这些意义不是自己的。

这让我想到我的一位已经退休的来访者。他从小被父母占据，因此生命全部的意义都来自父母。他做得多优秀都不能让他开心，而当他做出了成绩，父母的肯定才是让他最开心的；当父母去世后，他崩溃了，因为他坠入了茫茫的黑洞，因此他只能继续找下一个"占据者"，于是他决定努力工作，用工作的成绩来讨老板的欢心；退休后，在工作上的"意义"也宣告结束；他再继续寻找下一个占据者，就是子女，他给子女看孩子，来讨子女的肯定。

这里就有两个问题：

第一，被占据者并不能享受自己创造的价值和意义。因为所有这些价值和意义，并不是发自本能，而是来自其他人。那么谁来享受这些价值和意义呢？谁占据他，谁就享受价值和意义。

这让我想到我的另外一位来访者，他痛恨父母从小逼他学习，认为父母把他们自己的全部希望过分压到他身上，以至于他最终采取了"自毁"的方式来惩罚父母：名牌大学毕业后，他在一家制造工厂做流水线工人。

他为什么要这么做？因为无论他多优秀，他都不会因此享受到半点"意义"带来的快感，享受意义的永远是占据了他的父母，有点像影视剧里被幽灵附身的人，通过杀死自己来玉石俱焚。

第二，一旦占据者离开，被占据者就会彻底崩溃。

就像我的这位已经退休的来访者：占据者在，自己生龙活虎；占据者撤了，自己什么都不是。

其实，生活中，无数人都有他们的影子。比如为了讨父母欢心努力学习、毕业后努力工作、退休后给子女看孩子，我们永远在做看起来"有意义"的事情，但是因为这些意义不是我们自己的，我们永远享受不到意义带给我们的价值和快感，我们会永远焦虑。

7

所以在意义这个话题上,我们应该从两个角度去尝试和突破:第一,我们的生活确实需要追求"意义",而且要追求属于自己的"意义";第二,意义越大,感受越好,驱动力越强,持久性也越长,驱动力越强,走得越远。

这就是我们拼命地构建更大的价值观、世界观,拥有更广的胸怀的原因。

情绪化，
是因为我们还太幼稚？

1

生活中，我们并不被鼓励表达自己的情绪。这其中原因很多：

首先，东方文化向来含蓄。爱和需求的情绪，我们不好意思表达；愤怒和抱怨的情绪，我们不鼓励表达。我们崇尚的是"喜怒不形于色"。

其次，我们生在一个多数人信奉二元对立的世界中，情绪同样如此。

很多事情分对错，表达自己的情绪通常被认为是失控的、软弱的、缺乏成长性的、原始的。既然二元对立的价值观告诉我们：

表达情绪是不好的。那么物种进化的先天动力就自动趋利避害地告诉我们：不要表达情绪。

如果我们走到心灵成长类的书籍专区，从书名我们就能发现，很多书都在阻止我们表达自己的情绪，只不过被称为"管理自己的情绪、不做情绪的奴隶、不抱怨"等。

我们天然信奉这些，认为这是一个人成长的表现。

所以肆意表达情绪的人，都是自控力差的人、没有涵养的人、水平不高的人。

总之，这并不高明。

2

周周是所有人眼中的人生赢家。

我和周周是大学同学，但是毕业十多年，从来没有任何联系。所以，我跟大多数同学一样，只是在同学群和朋友圈，见证了周周如何由一个女神，变成一个更加成功的人生赢家。

结婚、生子、周游世界。她的老公高大、帅气、一表人才，外形完全不输偶像剧里的男主角，并且当年拿到全额奖学金，在以优秀毕业生的资格从常青藤盟校毕业后，供职于全球顶尖的投资公司，美国工作几年，中国香港工作几年，现在基本长年在内地，任亚太区高管。她有两个孩子，一儿一女，可她现在还宛若少女一般漂亮。这不是人生赢家是什么?

直到有一天,她忽然联系我,预约我的咨询时间。

坐下后,她落落大方地向我报以寒暄的微笑,很平静地跟我说:"我要离婚了。"

3

周周和老公先是愉快地过了五年。随着两个孩子的先后到来,周周的公婆搬来同住。自从公婆到来,老公就性情大变。

公婆对小两口的育儿理念完全不认同,在公婆提出意见的时候,老公瞬间倒戈。久而久之,呈现出了公婆、老公三个人集体围剿周周的局面。

冲突持续了一年。

在这一年中,老公打过周周五次;在这一年中,公婆几乎每天都会把周周拎过来,劈头盖脸地骂一次。自始至终,周周都是打不还手,骂不还口。周周说:"他们毕竟是长辈,我受到的教育不允许我这样做。"

但她的老公做梦都没有想到,一年后,打不还手、骂不还口的周周,竟然直接将离婚起诉状放到了他眼前。

4

"我不明白,我努力做父母眼中的好女儿、丈夫眼中的好老婆、公婆眼中的好儿媳、孩子眼中的好妈妈,我做错了什么,我的婚姻最后要这样收场?"

"是的,我看到了你不发脾气,有教养,有涵养。所有的角色,你都做得无可挑剔。"我继续回应,"可是你呢?我看不到你在哪里。"

周周沉默了。

周周的孩子也印证了这一点。

不要小看孩子的作用,孩子一般是最敏感的。父母有任何情绪上的风吹草动,孩子都洞若观火。他们的洞察力远比已经被层层防御包围的成年人敏锐得多。

所以,在周周完全阉割掉自己的情绪之后,有一天,孩子给周周讲述了自己做的一个梦:妈妈,我梦到我在家里怎么都找不到你。你去哪儿了?为什么我找不到你?

这和我在咨询一开始就提出的问题如出一辙。在每一次和老公的争吵中,每一次和公婆的冲突中,周周不是不屈辱,不是不愤怒,不是不压抑。但是,她把自己的这些情绪统统阉割掉了。

屈辱、愤怒,这些都是情绪化的东西。我是有涵养的人,我本不应该如此。

5

很多人从小受到的教育就是二元对立的：对与错、善与恶、美与丑。

他们不被鼓励表达自己的情绪，因为这是低级和软弱的表现。就这样，他们学会了长期的自我克制和压抑。

如果你认为只要把自己的情绪控制住、压制住，你就是一个自控力好的人，就是一个不被情绪左右的人，那你是真的误会了。这不是不被情绪左右，恰恰相反，正是因为你完全不能掌控自己的情绪，所以你干脆阉割掉了它。

6

然而，没有被表达的情绪并不代表不存在，而是被压抑到了潜意识深处。

讲一个我自己的例子。在一次人际关系主题的团体体验中，有几个人表达了对我的感觉：觉得我好像很疏离，走不近。这里我要说明一下，团体体验的核心就是关注此时此刻。也就是说，团体成员是被鼓励说出自己当下的真实感受的。通过这种方式，我们才能在团体中看到别人眼中真实的自己，进而看到自己在人际关系的互动中，到底哪里出了问题。

但是，在连续几个人都直接尖锐地指出我的问题之后，我真实的感受是自己受到了围攻。我非常委屈，不明白为什么我真诚地表达自己，却被别人看成这样。

团体体验本身是鼓励实话实说的，所以虽然我真实的感受是"被攻击""很委屈"，但理性上我知道别人并没有错。因此我选择了理解，并压抑自己的愤怒。

但是，这份压抑并没有持续很久。三天后，正好是周日，我感觉自己如火山般爆发了。

先是早上起来，我就因为一点小事和老公大吵了一架，接着是晚上去健身，竟然又和健身房门口的保安大吵了一架。

当然，这两次吵架看起来都是有具体原因的，但是并不至于吵到这么激烈的程度。之所以吵到这个程度，我感觉到是我内在一直压抑的愤怒，通过这两个出口，找个机会彻底宣泄出来罢了。

7

因此，压抑到潜意识深处的情绪，总在等待机会反扑。这里存在两种情况：

第一种情况是没有被表达的情绪。其实指的是没有被主动表达的情绪，这会导致情绪的被动表达。比如愤怒。

因为我们普遍视愤怒为洪水猛兽，所以愤怒是一种非常容易被压抑的情绪。其实，我们之所以视愤怒为洪水猛兽，很大一个深埋于我们潜意识深处的原因是：我们似乎认为，一旦我们爆发自己的愤怒，我们就能"杀死"对方，"杀死"关系，甚至隐隐潜藏着的感觉是，我们能毁灭这个世界。因此，愤怒是毁灭性的。

好了，基于此，我们经常压抑自己的愤怒。

比如工作上，我们压抑对领导的愤怒，这样会导致我们工作拖延、出错，而这一切还容易被伪装为"完全不是故意的"。

再比如，如果朋友之间压抑愤怒，那么我们会发现，这份压抑不仅阻碍了我们的关系开展的深度，而且迟早会杀死关系。这就是有些人的朋友关系看起来一直好好的，忽然就无疾而终的原因。

第二种情况是一再被压抑的情绪，当有一天我们再也抑制不了的时候，那就是毁灭性的。上面举的我自己的例子，其实就是这个情况，只是还没有到"毁灭性"那么严重的程度，然而它的表达确实也和我之前表现出来的"冷静克制"完全是两个极端。

这种"极度压抑和极度表达"反差很大的情况，更多表现在一些"老实人"身上。有些人很"老实"，是大好人，好脾气，好像对别人包容度很高。但是这类人的情绪一旦被压抑到"底线"和"临界点"的时候，那就真是"毁灭性"的了。

有的时候我们看新闻，总能看到这类人前后反差很大的例子。比如，一个一直以来品学兼优、高智商、听话的人，忽然有一天残忍杀害了自己的母亲。当然，这里面的原因很多，是很复杂的。然而其中一个原因就是：我一忍再忍，最后终于忍无可忍。

8

更遑论，一个更大的真相是：你的情绪里，隐藏着真实的自我。

你的任何情绪，只要它们会存在，就一定有原因。情绪是有意义的，情绪的背后有很多真相在排着队等着告诉你。如果你只是简单粗暴地压制住自己的情绪，那么一并压制和疏离的，还有自我。你的情绪里藏着你自己。

很多时候，我们担心表达情绪，是担心"真实的自己如洪水般涌来的感觉"，这种感觉很多是毁灭性的。

我的另外一位来访者，从来不跟老公吵架。她认为避免吵架，防御冲突，就可以避免自己发脾气。她担心自己一旦发起脾气来，完全不受控制，最后事情会搞到不可收拾的地步。

所以，她发展出了一套应对老公的方法：老公可能会不同意的事情，她就不做了；实在想做，她就不告诉老公，撒个谎；老公非让她做的事情，尽量满足；对生活有分歧，她尽量都听老公的。

所以，生活中的她显得特别随和。但是情绪里有真实的自己，长期的压抑已经挤压了"自己"的生存空间，这就是最大的问题。

所以，当我的这位来访者因为情绪问题找到我的时候，她其实并不知道生活好好的，自己为什么会这样，她觉得生活里的一切都是理所应当的。

9

释放你的情绪，指的并不是把"情绪"这头猛兽从笼子里放出来，然后任其啃噬掉你所有的东西；管理你的情绪，也不是让你压抑情绪，而是在看到自己情绪的基础上，承认它的存在，然后有觉察地释放情绪。

这两者，其实归根到底，说的是同一件事情。

你会发现，当你把对一件事情的情绪发泄出来，它就不会积累到下一件事情，而让人感觉莫名其妙；你还会发现，情绪表达之后，这个情绪就此释放，再也不会困扰你。

而且，随着你察觉自己的情绪越来越敏锐，这还是你了解自己、接近自己的捷径。你讨厌什么、喜欢什么、是什么样的人，都藏在你的情绪里。头脑会撒谎，你的情绪不会撒谎。

情商高不等于人缘好，情商低不等于笨

1

我曾经被人称赞情商高，实际上我不是。

别人认为我情商高，主要原因是觉得我人际关系特别好，就是俗称的"人缘好"。

中国人似乎很看重人缘。

后来，我经常能看到这类人：他们非常努力地周旋于不同的人之中，努力地不得罪别人，有的时候甚至牺牲自己的一部分利益，就是为了获得别人的肯定。

这种情况下，别人当然喜欢你，人家好处都占尽了，凭什么不喜欢你？

只是，虽然你得到了别人的"喜欢"，却不代表你的情商高。

情商高不高，对应的，除了我们一下子就能联想到"人缘"之外，还有很多。

2

"情商"是与"智商"相对应的概念。"情商"指的是"情绪商数"，英文全称是"Emotional Quotient"，简称"EQ"，主要是指人在情绪、意志、耐受挫折等方面的品质。心理学家戈尔曼认为，情商是由自我意识、控制情绪、自我激励、认知他人情绪和处理相互关系这五种特征组成。

由定义我们也可以看出来，情商包括的不仅仅有我们第一时间就能想到的人际关系，除人际关系之外，情商还包括很多。只不过通过观察人际关系，我们可以比较综合地看出来一个人情商的高低。

下面，我们看一下如何才能成为高情商的人。

3

第一，自我意识：对自己有清醒的认识。

这指的是我们对自己有比较清醒客观的认识，既不盲从于别人对我们的赞扬，也不会面对别人的贬低而不加甄别地自惭形秽。情商高的人会对自己有一个清醒的认识，这个认识能从自己的角度出发，也能整合他人角度对自己的评价，从而更加全面地看待自己。

对自我的清醒认识很重要，它能够让我们的"自我"比较稳定，而不会轻易被别人影响，对后面我们发展出更好的情绪控制、耐挫折能力等都很重要。

对"自我"没有清醒认识的人，自我价值感也会受到影响。经常会出现这样的情况：别人赞扬几句，我们就觉得自己的价值感陡增；别人批评几句，我们又觉得自己毫无价值。这种情况下，我们非常容易授人以柄。也就是：把"自我"完全交给别人去评判。

把主动权交到别人手里，这对于自我来说，自然是不稳定的。

4

第二，控制情绪：情绪的稳定很重要。

我们经常会说一句话:"扮演一个情绪稳定的成年人。"虽然是一句自嘲的话,但是这句话之所以这么说,是因为对于成年人来说,发展出稳定的情绪掌控能力很重要。

情绪稳定,指的是情绪不走极端,不要轻易失控,始终保持在一个可控的、比较平稳的状态。能够控制自己的情绪,要求我们对情绪有比较好的觉察能力,此外还要有比较好的自我接纳和自我消化能力。

比如,在《红楼梦》中,林黛玉和薛宝钗这两个人物,在这方面就存在强烈的对比。

林黛玉的情绪就比较极端。本来好好的,发生自己不喜欢的事情,她就忽然生气起来,爱使小性子,一会儿哭,一会儿笑,情绪起伏很大,非常不稳定。

薛宝钗就不是这样的。你会看到她是一个情绪比较稳定的存在,不会轻易表达自己的喜怒哀乐,她不是没有情绪,而是她把这些情绪都控制在自己的内部。在不适合的场合,比如贾府(毕竟贾府是亲戚家,自己是客人),她就会收起自己的情绪,而在自己母亲或者哥哥这里则会有所表达。所以,我们几乎看不到薛宝钗情绪失控。也因为她的情绪稳定,很多人会说薛宝钗比较成熟,比较像大人。

当然,也有人说林黛玉这是真性情,薛宝钗是"假",是"装"。其实,真性情和情商高低并没有关系。所谓真性情,指的是:不藏着掖着。这在人的性格上会有这样一个区分。但是在现实世界中,在与他人的互动中,控制情绪的确是必要的相处之道。

第三，自我激励。

自我激励，对于发动我们的自主动机、维持一定的自信水平、保持一定的积极性，起着重要作用。因此，可以自我激励的人，能够维持一定的自发性、效能感，并且能够达成一定的目标。

比如我的一位朋友，是自由撰稿人，主要写小说。所有做过自由职业者的人都知道，这不是一项"像看上去一样这么美好"的工作。没有了公司给的条条框框的限制，同时也没有老板给你设定的绩效和目标，当一切都只能靠自己的时候，通常是让人非常茫然的。在这个过程中，如果你想有所成就，就必须学会进行自我管理，自己设定长中短期目标去一步步达成。这时，自我激励就非常重要，否则很容易自我迷失或者半途而废。

我的这个作家朋友就是这样做的。他给自己设定的目标是：第一步，先和一些网络平台合作，积累阅读量和知名度；积累阅读量和知名度到一定程度后，进行第二步，即推广自己的品牌；然后是第三步，比如出书。这是大的目标，在小的目标上，他会精细到最近三个月如何安排，应该达成怎么样的目标。在自己努力完成一个小目标后，他会奖励自己去旅行，然后继续向下一个目标前进。

这种自我激励让他保持了很好的自主性和积极性，提高了效能感，并且把控了很好的节奏。

6

第四,认知他人情绪与处理关系。

看到自己,再看到别人。从自我走向他人,第一步就是能够清醒地看到别人的情绪,并且识别出来,接下来才是处理与他人之间的关系。

那么,如何才能做到和他人好好相处呢?

第一,看到别人,包括看到别人真实的存在和真实的需要。

比如,别人非常忌讳的事情,你就不要再提,就是不要"哪壶不开提哪壶";再比如,别人正在伤心时,也许你当时很开心,但是要照顾到别人的情绪,你要学会节制自己的情绪。这也就是:有一定的共情能力。

比如,我的一个朋友很喜欢小孩子,但是因为身体不好,备孕很久也没有好消息。所以,和她在一起,我们就尽量不去提及这个话题。除非她自己聊到,需要我们支持,我们才会给予倾听和理解。但是,如果她自己不提,我们没有人会主动提起这个话题。

第二,在真实的关系中互动。看到对方真实的需求,然后投其所好,往往可以带来事半功倍的效果。

我的一位女性朋友一直抱怨男朋友情商低。其实,原因就是:每次过节,男生送的礼物都不是女孩喜欢的。女孩喜欢包、首饰、衣服,男生送的东西则是:吹风机、豆浆机、榨汁机。男生是从自己的角度出发,自己的角度是"过日子要实用",这本没有错。

但是礼物是送给女生的,女生不是这个角度。人际的角度是人和人之间交互的过程,这个过程就是要看双方的需求。看到对方的需求进行互动,就是情商高;看不到对方的需求去互动,就是情商低。

而另一个朋友的男朋友,平时留意女生的喜好,比如看到女生在哪个柜台多看了两眼什么东西,等到女朋友生日的时候,他就买回来送给女朋友,哄得女朋友服服帖帖。

7

这里还有一个问题,智商和情商有仇吗?

我们经常看到这样的情形:很多看起来很有成就的人,也就是我们认为智商高的人,似乎显得情商低。比如爱因斯坦、乔布斯,无论是科学家还是企业家,这些天才级的人不仅被认为情商低,而且被认为很怪异。

这是为什么呢?

"智商高"的人之所以会看上去"情商低",其实并不是他们情商真的低,而是,虽然他们看明白了人和人之间的互动,但是他们往往并不愿意为了迎合别人而改变自己。

常常只有这些不去迎合别人而专注于做自己的人,他们的能量才能最大程度地聚焦于"事情"本身上,而不会在"察言观色""迎合他人"这些地方耗费太多的能量。这样也就造就了一个人的高成就。当然,这类高成就往往集中在科学技术、研发、艺术等领域。

其实,我们能看到,关于情商的五个指标中,前面三项:自我认知,情绪控制,自我激励——其实都是和自己相关的,只有最后两项:认识他人和处理关系——才是和"他人"、和"关系"相关的。所以,一般我们谈情商,基本上都在谈"关系",其实是片面的。谈情商的第一步,是人和自己的相处。

蔡康永曾经说过:"所谓情商高,就是和自己好好相处,在这个基础之上,把别人放在心上。"

所以,和自己相处好是第一位的,其次才是看到别人,再接下来才是看到关系。

一定要离开舒适区吗?

1

来访者 A 在北京打拼五年,最近考虑回家乡发展。

可是他却很难做这个决定。

他喜欢自己的家乡,也喜欢和家里人在一起的感觉。

他学化学,打算回家乡的环保局工作,他觉得环保这份工作本身也很有价值,自己也热爱。女朋友在家乡做老师,回家后还可以把婚事真正提上日程。团团圆圆、和和美美,有一份自己热爱又觉得有价值可以踏踏实实好好做的工作……这是他在大学毕业后,在大城市浮浮沉沉的五年历练中,逐渐拼凑并清晰起来的自己理想生活的图景。这个图景越来越清晰。

但是,另一个声音也出现在他的头脑中:离开北京,回到家乡,就是认命,就是认怂,就是不思进取,就是没出息的表现。

难道,回老家过我想要过的生活,就是不思进取吗?难道,只有跟自己较劲,才是唯一上进的方式吗?我是一个努力的人,我有自己的想法,我的想法就是回家乡去工作,这难道不可以吗?

2

我们通常活得很拧巴,花着大把的力气,跟自己较着天大的劲。

比如,关于"舒适区"这回事。

从小到大,乃至现在,我们受到的主流教育,从始至终都是——走出舒适区。除此之外,别无选择。

要勇于走出舒适区,总是待在舒适区,人就废了;舒适区是一个人堕落的开始;容易走的路,从来都是下坡路……好像我们不能舒服地待着,只要舒服了,我们就是不思进取的失败者。

你可以不够优秀,但是你不可以不努力。

总要有个态度吧。

走出舒适区,就是我们所有人被灌输的、在人生中要有的一个态度。

3

好走的路不一定都是下坡路,而是适合你的路。选择永远比努力更重要。

我的一位朋友,麻省理工学院自动化专业硕士毕业。回国后,他在央企从事自己的专业工作。工作了五年后,他辞职开了一家西餐厅。因为他发现自己热爱餐饮,同时自己的性格还喜欢做生意。

三年过去了,他的餐厅已经在北京开了三家分店,很辛苦,但是很快乐。

优秀的人,到哪里都是优秀的,关键是你要选择好努力的方向。

4

真正的舒适区是什么?

舒适区是你喜欢这个位置，你的能力也适合这个位置。你待在这里很舒服，同时又能发挥你的优势，做出你的贡献。

就像我的这位来访者 A 先生。如果他回到家乡，就是因为喜欢家乡，也喜欢做公务员，愿意在这个岗位上勤勤恳恳好好做，也相信通过自己的努力一定能够创造价值。那么，这就是他的舒适区。

所以，所谓舒适区，并没有行业、岗位、职位、领域本身的高低贵贱之分，而是这个位置是你喜欢的，是适合你的。

5

而有人所谓的"舒适区"，其实不是真的舒适区，背后真正的动机是：懒、逃避、妥协。

比如，很多人在北上广奋斗，拿着不多的工资，住着昂贵却局促的房子，被迫适应水涨船高的高消费，承受着巨大的心理压力，面临充满着不确定的未来。这个时候，如果家里人说，回家乡吧，考个公务员，一辈子铁饭碗多稳定啊。

于是，我们为了逃避北上广的巨大压力，心有不甘地回去了，在家乡干着一份旱涝保收的公务员工作，然后天天觉得无聊至极，白天磨着洋工，晚上唉声叹气。然后自己还觉得这是待在舒适区，又为自己感到委屈、憋屈，总觉得有一种虎落平阳的错觉。

这根本就不是我们的舒适区。一点都不舒适，这哪里是舒适区？

我们回家乡，做着一份公务员的工作，只是为了逃避压力，贪图稳定。为了稳定，我们让渡了我们的爱好、选择，甚至是理想、抱负。

同样是回家乡，也许是一样的工作，表面看起来一样的选择，到底是不是我们真正的舒适区，要看我们是出于"适合、热爱"，还是出于"恐惧、妥协"而做出的选择。

6

听起来，舒适区似乎很不错，为什么还有那么多人想要离开舒适区呢？原因是别人的评判。

工作上，这种情况尤其多见。

明明喜欢在家乡的安逸生活，可是毕业了，同学们都奔向了北上广深，自己留在家乡似乎就是没出息；明明不是一个工作狂，对职位也没有太多的渴望，性格也不适合做领导，但是看着一起进公司的同事，升职的升职，跳槽的跳槽，自己安于现状，就是没面子。

我们往往在与别人的对比中，用好坏这把尺子反复衡量，最后用小鞭子抽着自己，一定要向更好的标准进发，而不管这个目标到底适不适合自己。

这就是背离了自己的舒适区。

这就是前文所说的，选择比努力更重要。不适合自己的，看起来光鲜亮丽，最后往往是我们付出了多于常人的努力，仍然不能致远。

7

其实，我们的一生如果能找到最适合自己的"舒适区"，是很幸运的。越早找到，我们的人生就能越早幸福。

教科书上所谓让我们"逃离舒适区"的说法，其实逃离的不是真正的舒适区，而是逃离一种"不思进取、不求上进"的状态；逃离一种"与世界隔离"的状态；逃离"守旧、故步自封、对世界不再有任何好奇"的状态。

所以，当我们找到自己的舒适区，我们就可以让自己在这个领域内，通过努力、通过不断学习、不断与世界的交互和交流，让自己在这个领域做出价值。

如果我们能够把四处碰壁，碰得头破血流的精力和能量，专心地放在我们热爱和喜欢的事业上，那我们创造的价值肯定更大。

任何领域，没有一定的积累，都是无法做到卓越的。我们找到自己的舒适区之后，就要踏踏实实在这个领域钻研下去，沉淀下去，才能做出更大的贡献。

所以，我们要做的不是逃离舒适区，而是玩命地去找到属于我们的舒适区，然后钻下去。

伍

焦虑并没有那么可怕

直面痛苦，会让你更有力量

1

言一的困扰是关于工作的，他总觉得现在的工作没意思，想跳槽但是不敢跳。

我问他："你为什么不敢跳？"

他说："我感觉很麻烦，要找工作，要沟通，要准备面试，还不一定能找到合适的。"

我说："所以，权衡后，你决定继续现在的工作？"

言一皱了下眉头，看起来很烦躁，好像对我，也对自己说：

"不是啊,我不想继续现在的工作,实在太无聊了,没有任何成就感。我觉得这是在浪费时间。"

我继续问:"你完全忍受不了现在的工作吗?"

言一几乎没有犹豫,重重地点了下头:"是的。"

我追问:"那你决定换工作?"

言一又一次沉默了。

这样的沟通我们持续了很多次,言一更多的时候是沉浸在一种情绪中,他显然很受困扰。

言一的问题有几个层面:

乍看之下,他是不知道自己到底要不要跳槽,在这背后退去一层,其实他担心的是他折腾这么久,能不能跳槽成功;再退去一层,他担心万一他失败了怎么办?

但他真正焦虑的源头,藏在这个问题的背后。他会觉得如果他跳槽失败了,那就是对他工作能力的否定,是对他过去十年工作经历的否定,是对他过去三十多年人生的否定,甚至是对他整个人的否定。

所以,困扰言一的不是他纠结的"到底要不要跳槽"(虽然这个问题是让言一痛苦的直接原因),真正让他痛苦的是他害怕失败。而害怕失败的背后,是在害怕外界的否定;害怕外界否定的背后,是因为他太在乎外界的评价;他之所以太在乎外界的评价,是因为他的自我价值感不高,他只有在外界的肯定中才能找到价值,外界一旦发出否定的声音,对于他来说就是灭顶之灾。

所以,让言一痛苦的是失败吗?不是,是自我价值的问题。

2

在我的咨询中，这样的案例太多了。

很多来访者找到我，似乎会说出一个自己的问题，但事实上这都不是根本问题。

人为了保护自己，心理会发展出各种复杂的防御机制，有时因为防御机制的存在，会让我们看不到让自己痛苦的真正原因是什么。

比如言一的案例中，显然"个人自我价值感低"比"跳槽"触及人的心理层面更深。一下子让"自我价值感低"这件事情暴露出来，对我们是一个巨大打击，我们不一定接得住。但是，我们可以找一个替代物来置换这种感受，比如抱怨现在工作不好、抱怨跳槽麻烦——这就是防御。

可是有的时候，我们防御得太多，会让痛苦叠生、局面复杂，从而更加痛苦，并且很难知道我们到底是为什么痛苦。

小雪来找我，主诉的问题是出轨，她知道这样不对，但是又抑制不住，事后她特别内疚。

经过沟通，我们发现她出轨的背后是因为她的自卑。她非常不喜欢那个和老公在一起时的自己，她内心深处总是觉得自己配不上老公，但是她又不能接受这一点。她通过出轨来证明自己的价值。

她出轨也是因为自卑。她觉得真实的自己是不讨人喜欢的。

所以她和某一个人相处时间一旦变长,总觉得自己会"原形毕露",所以她无法和任何人建立一段比较长时间、稳定的亲密关系。

3

为了防御自卑,我们衍生出了一系列的新问题。而如果我们看不到问题背后的根源是什么,我们很难知道自己到底为什么而痛苦。

解决问题的起点,就是直面痛苦,进而看看让我们痛苦的到底是什么。看到根本问题,解决根本问题,我们才能从痛苦中解脱出来。

在言一的案例中,我们面质了他的痛苦。

他问我:"如果失败了,我该怎么办?"

我说:"如果失败发生,那就是发生了。这是客观发生的事实。"

他说:"天啊,那我就完了。"

我说:"如果失败了,也许说明你不适合那个职位。"

他说:"可是,我的人生是要升职加薪、一路向前的。"

我说:"也许,现实会告诉我们,我们能到哪里。"

事实是，如果我们不适合一个理想中的高职位和高收入，那可能是我们的能力确实有限，我们确实到不了那个位置。我们就找一个自己可以到达的位置。如果这些发生了，我们就让它们发生，看看会怎么样。

言一想摆脱"那我就完了"这种可怕的感觉，办法无非是承认自己能力有限，找一个更合适的职位，踏踏实实做下去。如此而已。

如果我们能扒开自己，看一看痛苦背后，我们怕的到底是什么，也许会发现真相根本不像我们想的那么可怕。

让我们更痛苦的，并不是痛苦本身，而是对痛苦的担心。

比如前文提到的两个案例；"跳槽"案例中的言一，相比失败，对失败的恐惧让他更痛苦；"出轨"案例中的小雪，为了掩饰自己的自卑，代价是严重伤害了婚姻，也严重伤害了自己，给自己的现实生活造成很大的问题。

4

我们如何才能扒开表面，看到痛苦背后的事实，解决问题呢？

第一，让事实发生。

有的时候，我们与其害怕一件事情的发生，不如尝试带着害怕去做，不要让害怕钳制了我们的实际行动。我们去做的时候，就是在经历现实。而这个过程中，我们可能会看到那些让我们害怕的现实，并没有那么可怕。

比如后来言一真的跳槽了。一开始，他确实遭遇了很多困难，这让他非常受挫。但他一方面调整了自己的目标，把原本要去行业顶级的一家公司换成了行业内第一梯队的公司；另一方面，他开始进入面试状态，随着准备得越来越充足以及积累的面试经验越来越多，他面试成功的概率也逐渐大了起来，同时，当他开始非常认真在做这件事情的时候，他开始调动自己工作十年积累的人脉，找人内推；最后，他成功入职了理想中的公司。通过这次的成功跳槽，他觉得自己整个人都变得更加"结实"了。

第二，穿越感受。

当我们有了恐惧、痛苦等情绪，不妨给自己一个空间，在着急防御这种情绪之前，让这种情绪有机会被我们看到。然后我们可以让自己去体验它，甚至去穿越它。慢慢地，我们会发现情绪背后藏着很多信息，等待我们去解读。

比如小雪的出轨行为，是对自卑的一种防御。如果放下防御，她在婚姻中一定是痛苦的，她的婚姻本身、她和她老公本身也会暴露出很多问题。对这些问题做功课，其实是建设性的。而从出轨开始做功课，其实是在绕远路。

5

很多人不敢面对自己的痛苦，总觉得痛苦会吞并我们，这让我们发展出了复杂的防御系统，把事情搞得越来越复杂。

其实，痛苦不会吞并我们，没有什么感受是为了吞并我们而存在的。这些感受本身需要的，无非是我们的看到和关注。

当我们看到了，死能量就会转变成生能量。你调动多大的毅力去和痛苦作战，这些毅力就会转变为你做事情的创造力。这就是生命能量的流动。

痛苦不用压抑，先看看它们是为什么存在，找到问题并解决问题，痛苦就会消失了。

哀悼是最好的疗愈

1

来访者 Andy，看起来文文静静、彬彬有礼，实际上这个女孩脾气很差。

她是那种典型的"窝里横"，对外人都很好，但越是对自己熟悉的人（尤其是家人），她的脾气就越差。

她的经历是这样的。

她的妈妈，因为从小生活在重男轻女的家庭中，没有得到父母足够的爱，积累了很多匮乏的感受和淤堵的情绪。等有了孩子之后，这位妈妈就会不自觉地把心里积累而又无法排解的弱小、可怜、无助和恐惧一并给了孩子。孩子没有一点点防备，就接收到了母亲的这一切。

很多家庭都会不自觉地存在这样的一种情况：父母把所有自己无法承担，也无力承担的东西扔给孩子，然后孩子就变得讨厌，父母反过来又嫌弃孩子。

现在，当来访者长大，她非常讨厌自己的坏脾气。她在和父母沟通时，常常把很多对父母的愤怒一再克制，一旦克制不住，发了脾气，她也会非常自责。同时，她也自责自己的坏脾气伤害到了她的老公。她讨厌自己的坏脾气，但是似乎又没有办法"改正"，这使她苦恼不已。为解决问题，她来到了我的咨询室。

我没有教她如何克制自己的坏脾气。我告诉她："看看你的坏脾气，你讨厌它，可是它是多么无辜！你可知道你曾经经历了什么，才造就了你的坏脾气？看看你的坏脾气，它到底在说什么？"

一般来说，越是对亲近的人，她的脾气就越差，那么她对谁脾气最差？应该是她自己。所以，脾气差的人是对自己不满。而对自己不满的起因，是父母的内摄。

我的这位来访者的坏脾气，显然是在替母亲表达，然而又被妈妈贴上了"坏脾气"的标签，甚至因此被妈妈疏远。妈妈觉得：我倾尽所有都为了你，你怎么总是冲我发脾气？

其实，来访者妈妈嫌弃的是她自己。这里有一个隐秘的行为：妈妈把讨厌自己的那部分东西扔给孩子，又嫌弃孩子，这无异于一种抛弃。当来访者的妈妈做出"抛弃"这个行为后，就无异于完成了一次切割，切割掉所有自己不想要的东西。

当来访者感受到这一切的时候，她忽然放声大哭。她对自己的坏脾气也多了一些包容。从此，她的脾气变得柔软了，和父母的沟通也变得更加容易了。

2

来访者的"放声大哭",是一个哀悼的过程。此后,她可以放开对自己的鞭笞和谴责,用抱持的心看自己曾经经历的一切,在这个过程中让情绪充分地流动起来。当来访者对坏脾气多一些理解,坏脾气也就不再执着地缠着她了。

哀悼是一种什么样的过程呢?哀悼是让自己的情绪,从头脑、身体和感情三个层面都得到充分流动。

我的一位来访者找到我,因为她的儿子从小就爱哭,现在都上小学三年级了,还是动不动就哭。经过和母子二人分开、多次的访谈后,我发现问题不在孩子身上,而在妈妈身上(很多儿童问题的根源,其实都在父母身上)。

原来,这位妈妈有着非常不幸的童年。在她出生不到一个月的时候,她的妈妈就去世了。因为她家在农村,条件不好,再加上家里重男轻女倾向明显,好像家里没有人真正疼她,所以她从小一直很受委屈。家里不让她上学读书,只让她在家里干活。于是从有记忆以来,她就一直在干活,干各种活。

在我们的咨询中,当我们谈到她这些经历的时候,她显得非常理性和冷静。当我问到她关于她母亲的事情的时候，她说："时过境迁，过去的事情无法改变，我已经没有什么感觉了。"这是很明显的情感隔离，是防御的一种。

因为有的感情太过于强烈，为了避免这种强烈的感觉将自己撕裂，人们会防御这种感觉。

然而，虽然她用尽了力气，成功防御了自己对这种感觉的感知，但是并不代表这种感觉不存在。相反，这种感觉被她防御了，不愿意去看到的情绪以她不曾察觉的方式仍然停留在她身上。比如这位母亲也非常爱哭，心思敏感、细腻，容不得别人的指责。一旦别人指责她，哪怕只是一些非常无足轻重的内容，她也会委屈得不行。这是因为即便是别人轻轻的斥责，也会触发她一直努力压抑的、无法言说的深层次的委屈，这种委屈来自童年的悲惨经历和从小没有妈妈带来的巨大的心理缺失。而孩子的爱哭，只不过是在替她表达从内到外笼罩在她身上深深的委屈感。

后来，我给她的建议是让她在清明节的时候，去母亲的墓前好好哭一哭。我的目的，就是让她做一次从来没有完成的"哀悼"。因为母亲的死，对于家里而言一直是禁忌一样的存在，家里人不让谈。而她除了对母亲的缺失感到遗憾和委屈外，似乎还感到自己对母亲的死负有一定的责任，因为她觉得母亲是因为生下她才去世的。但是，所有这一切只能被深深压抑，所有的情绪从来没有被好好看到，更没有被好好表达。她欠自己一个哀悼。

3

不能哀悼，就会让情感固着在一个地方。固着的情感、没有被看到的情感，会潜移默化地影响我们，并由此产生种种问题。

比如我的一位因为情绪问题走入咨询室的来访者。她跳槽后抑郁了，起因是作为一位"空降"的部门领导，她被很多人排挤。部门员工不服气，平行的其他部门经理欺负她，以及没有竞争成功这个职位的老员工刁难她……在这样的被排挤中，她抑郁了。

但是沟通之后我发现，她郁闷的真正原因，是她曾经在小学的时候多次被同学霸凌。现在被排挤的经历，让她全面回想并沦陷在当初被霸凌的感受中。而被霸凌这件事已经过去将近二十年。

这位来访者就是因为没有好好地处理、好好地看到并哀悼自己被霸凌带来的种种感受，所以哪怕将近二十年过去了，这种感受仍深刻而鲜活地活在她的身上。

不曾被哀悼的情绪，甚至变为一种执念，我们也叫情结。

这一点，在德国心理学家海灵格的家族系统排列中经常能看到。

比如有这样一个案例。

父亲是个老好人，但是有酗酒的问题，酗酒后就会打妈妈。虽然他从来不打孩子，但是孩子目睹了这一切，并且在妈妈的不断哭诉中，孩子无意识地逐渐形成了一个执念：我要替妈妈改造父亲。小时候的她可能使不上劲，但是等她长大后，她找的男朋友都是有酗酒和暴力问题的男人。这其实就是潜意识中的强迫性重复。而之所以会导致这样的重复，就是因为曾经的这一切太强烈了，并且被她压抑到了潜意识深处，没有被充分看到，更没有充分地流动。固着在那里的情绪，就变成了一个执念——改造父亲。

4

是什么让我们不能好好地进行哀悼呢？是什么影响了情绪的顺畅表达呢？

实际的原因肯定很多，但是这些原因肯定都指向一个方向：我们没有被鼓励去看到自己的情绪，没有被允许让情绪可以顺畅表达。

比如有的父母面对孩子的痛哭，都会说"不许哭"，这其实就是在打断孩子情绪表达的过程。孩子也许可以强忍着不哭，但是一来二去，他（她）就学会了压抑。如果每一次，我们都能痛快地哭，也许这个世界就不存在问题了。

那么，如何破局呢？我们可以有意识地告诉自己：当发生了一件事情，或者我们被一件事情触动，给自己一个觉察自己情绪，并且哀悼的机会。

一段关系的结束，我们可以哀悼；小时候的自己，我们可以哀悼；亲人的离去，我们可以哀悼；无法弥补的遗憾，我们也可以哀悼……用哀悼和告别，让情绪被看到，让情绪充分流动起来；让哀悼和告别，给过去不能改变和曾经经历的种种，画上一个句号；通过哀悼和告别，给自己一个轻装上阵，转身走向明天的机会。

所以，当我们再一次发现自己原本平静的情绪的湖面被一颗石子扰动了，并泛起了一圈圈的涟漪时，别怕，涟漪不会吞没我们，不妨坐下来看看它，如果有可能，去欣赏它的美丽。

对他人说不，对自己说是，建立自我界限

1

  Eva 的老公有一个坚持十多年的习惯：每次睡觉前，他需要老婆停下手里一切的事情，上床，关灯，握着他的手。

  在 Eva 的陪伴中，老公才可以安然入睡。即便是他俩刚吵完架，到了睡觉的时候，Eva 还是被要求准时地停下自己手头的事情，上床，关灯，握着老公的手。即便 Eva 并不情愿，她讨厌这种感觉。因为，作为一个独立的成年人，她晚上想做自己的事情。她总不能哄睡了孩子，再来哄睡老公。

  终于有一天，在一次吵架后，Eva 忍无可忍，拒绝了老公"哄

睡"的要求。她老公震惊了,他震惊是有理由的,因为在这段关系中,Eva 从没对老公说过"不"。

事实上,Eva 从来没有对任何人说过"不"。

自从步入婚姻,她就努力把自己打造成一个"贤妻",后来是"良母"。但是即便她非常努力,随着身份越来越多,她越来越力不从心。她周旋于所有人之中,越来越难以让所有人满意。

老板希望她晚上加班把项目提案完成;妈妈希望她晚上准时回家吃饭;朋友说好久没聚了,晚上聚个餐;家里的孩子嗷嗷待哺;部门同事说最近大家好辛苦,不如搞个团建去 KTV 唱个歌;老公说你又不是单身少女了,大半夜出去跟他们疯什么,还有没有点分寸?

就这样,她左右为难,分身乏术。

2

很多的时候,我们习惯于做一个"讨好者"——压抑自己的真实需求,一味去满足别人。

讨好者希望通过压榨自己让别人满意,从而换得别人口中自己的价值。讨好者们没有自我,目的是让别人满意。

我的来访者骆先生是一位典型的讨好者。同学群里,如果谁在群里说一句,让骆先生组织张罗同学聚会,骆先生会马上义不容辞地揽下这件事。在家里,骆先生就更操心了。家里的电车没电了,他会马上跟老婆说"我明天就去充";家里猫粮没有了,他会主动说"我周末就去买"……这些行为本身都没有错,问题是背后的心理动力:为了避免别人对自己不好的评价,希望得到别人的赞赏和认可。

讨好者还有一个特点,就是误以为自己特别重要。这类人生怕遗漏任何一个人向自己投来的需求,担心自己没有高质量、超乎预期地回应对方的需求,担心因此让别人对自己有微词。

别人的"微词"是他们不能接受的。

我的一位朋友,每次休年假都焦虑到不行,用她的话说就是:"还不如上班来得踏实呢。"

休年假的她,一下飞机就需要马上打开手机,看一下有什么人找她,有什么重要的事发生了。整个休假期间,她也是手机不离手。她特别担心离开了她,项目不能如期推进,团队不能通力协作,有没有人给她打小报告……哪怕谁都知道,没有她公司不会倒闭,地球照样转。她理性上也知道这一点。

她严重的责任心、放不下的背后,其实是自己休假了,没有办法第一时间来满足老板、同事和公司的所有要求,这让她更有负罪感。

3

我们总是很焦虑,是因为为了能讨好别人,我们一直都是紧绷的。

因为需要及时满足所有人的需求，我们会一直保持持续付出，并且处于紧绷的状态。

为了让公司老板满意，你需要"要一给十"，超出领导预期，才是老板眼中的好员工；为了让家人满意，你随时准备好为了家人牺牲掉自己的一切；为了让朋友满意，你要随叫随到，有求必应，才是仗义的好哥们；为了让同事们满意，你从来不敢对别人丢过来的不管是合理还是不合理的诉求，说半个"不"字，只有这样，才能为你赢得公司的"好人缘"……

中国人一向重视"人缘"。其实，"好人缘"的背后，就意味着你要满足很多不同的人。而与此相对的，是"坏人"。对于讨好者而言，他们倾尽全力，都在避免成为"坏人"。为此，讨好者们会不断付出，持续消耗。

而这种付出不能持续，总有崩盘的一天。

4

"讨好"这一行为的原因是什么呢？那就是"缺席的自我"。

在 3~16 岁，也就是自我（从个体自我到社会自我）形成的关键时期，你是不是被父母看到？你发出的信号是否得到父母的回应？你的需求是否被父母及时满足？

如果在这个时期，你没有和父母建立稳定的关系，自我的建立就遭遇了重大挫折。没有自我的人，容易贬低自我价值。而缺乏自我价值感的人，就会努力想从别人的评价里找回价值感。这就是为什么有的人会一味去讨好别人。

但是，这种情况无异于"授人以柄"。这还不是一般的"柄"，而是一把尖刀，别人可以随时拿着这把尖刀刺向我们。这就等同于我们把自己的生杀大权交给了别人。

5

关系之所以被称为"关系"，是因为这是与双方甚至多方相关的，在关系中一定有除了我们之外的其他客体存在。

所以，在我们不断讨好别人的时候，除了我们自己的问题，我们还要警惕关系中的对方给我们设下的"陷阱"，比如投射性认同。

布下"投射性认同"陷阱的人，可能是有意识的，但大部分人是无意识的，他们也有他们自己的问题。

对于"投射性认同"，他们的想法是：希望别人按照他们的方式来回应他们，一旦别人不按照他们的方式去回应，那么别人就是坏人。所以，当他们发出一个请求时，他们就一并发去了他们对对方的期待，或者说是命令，让对方不得不按照他们的想法去做。

所以有的时候,我们会觉得:如果按照我们的本心,我们会选择一种做法,但是一旦置身于一段和特定某人的关系中,我们似乎就有一种"不得不"违背我们的本心,而选择另一种做法的感觉。这其实就是对方的需求"强迫"的。

比如我的一位朋友,跟我说了一个在她身上有点"反常"的例子。她并没有明显"讨好者"的特质,但是在一个和她关系最好的同事面前,她就变成了乖乖听话的"讨好者"。这种"乖乖听话"的感觉让她很难受,但是她认为自己不得不这么做。

比如中午吃饭,如果对方邀请她中午一起吃饭,她是不能拒绝的,哪怕中午外出办事,她都要尽量赶回来一起吃,似乎一旦拒绝一顿饭,就拒绝了对方整个人,对方就会非常不高兴、不理她,好像她俩之间发生了什么不得了的大事。

朋友因此经常跟我抱怨,但因为担心搞坏关系,朋友还会被迫按照对方默认的要求去做。

这其实就是对方在玩一种"投射性认同"的游戏。对方发出要求,希望你能给出一个对方理想中的回应,如果你不给,你就是一个十足的"坏人"。我们为了避免成为"坏人",被迫按照对方的预期给出反应。所以,这个时候我们之所以不能拒绝对方,是因为我们被"绑架"了。

拒绝加入"投射性认同"游戏的方法,就是不带恶意地拒绝,不带任何情绪地按照自己的本心给予回应。这可能不会很容易,因为一旦你按照自己的本心回应,那就是没有按照对方的需求给回应,那么对方很可能是恼怒的,这个时候你要做的反而是不带情绪。这是关键,背后的目的是不接对方的投射。这是终止这种"投射性认同"游戏最好的方法。

6

与讨好别人形成鲜明对比的,是我们总委屈自己。我们总说,这个世界上最应该讨好的人是自己,可是知易行难,具体怎么去做呢?

首先,我们把注意力从别人身上转移到自己身上来。

当你真的开始这么做的时候,你其实就是在爱自己了。不要总是盯着别人的需求不放,把注意力转向内,问问自己到底有什么需求,并且大胆说出自己的需求和欲望吧,这是"自我"建立重要的第一步。

其次,不管是讨好别人,还是掉入别人"投射性认同"的陷阱,都是边界模糊的结果。《蔡康永的情商课》一书中说:"让世界是世界,让我们是自己。"这里的一个重要前提就是要有边界意识。

边界的出现,是一个人从一元发展到二元发展的必由之路。边界消失,我们再次回到融合状态,这是一种退行。我们只有从一元中走出来,形成边界,走入二元关系,在此基础上才能具备进入三元客观世界的能力。

所以，在我们的成长过程中，建立"边界"是一件非常重要的事情，也是我们心理发展的必由之路。我们和其他任何人之间都应该有边界，这里，其他人不仅包括一般性社交关系的相关人，还包括最好的朋友、家人，甚至是夫妻。

第三，有边界是建立稳定自我的前提。有了自我意识，我们才能更好地爱自己。

自我是什么？自我＝边界＋内容。

自我是在一个人拥有完整自我边界的情况下，内部有很多的内容构成。随着我们的生活经历和生活体验逐步丰富，边界意识越来越清晰，内容构成越来越丰富。这时，一个越来越清晰、完整的"自我"得以逐步形成。这个"自我"一旦形成，就会非常坚固。这也是我们与这个世界交互最重要的基础。

在这个边界内，我们开始形成一些自己的感受、想法和情绪，并且能够使它们涵容在自己的边界内，这就是一个稳定的"自我"。

最后，当我们有了边界，有了稳定的"自我"，我们就准备好了做最重要的一件事，那就是对自己说"是"。当我们开始建立"自我"之后，一些之前不曾出现的东西会逐渐浮现在我们眼前。我们慢慢就会发现，原来自己并非"无欲无求"，我们之前表现的"无欲无求"以及"忘我的奉献"，只不过是我们的假性"自我"罢了。我们会发现，自己原来有这么多等待回应的诉求、需求和爱好。这些东西从之前未分化状态中逐渐分化出来，开始形成独立的碎片，而这些碎片的每一个表面，都是"自我"的一部分。

满足自己和不断挖掘自己,是一个相辅相成的过程。我们越是满足自己,就会发现自己更多的真实需求。而越是更多的真实需求不断浮现,所有这些碎片开始拼接出来,又会促进"自我"不断地建立和巩固,我们就会有能力对自己越来越好。

愿我们都能从对别人说"是",转变为更多地对自己说"是"。

有效获得安全感

1

Susan，35岁，婚龄3年，现在想离婚不敢离，非常困扰。

Susan 32岁时，因为担心自己成为大龄剩女嫁不出去，加上家里催婚催得厉害，经过家里人介绍，认识了现在的老公。Susan是奔着结婚去的，所以她和当时的男朋友、现在的老公谈恋爱半年时，就决定结婚，其实他们的感情本来也不深。但是在当时，似乎感情深不深已经没那么重要了，结婚才是最终目的。

今天，结婚3年的他们越发地聊不来，经常因为小事就吵得天翻地覆。本来她觉得忍忍就过去了，可是最近半年，她发现老公经常加班和出差，开始有朋友半开玩笑地提醒她：小心老公有外遇。她还一笑置之，根本不往心里去。结果不久前，她发现老公真的出轨了。

Susan 彻底崩溃，可她没有勇气离婚。

她说："虽然没有感情，但是家在这里，我就感觉自己是安全的，我可以出去奋斗、工作、玩、厮杀，如果家不在，我就崩溃了。"

就好像妈妈带着自己的小孩出去玩。孩子玩得开心时，会时不时回过头来看一下自己的妈妈，然后看到妈妈在，孩子就安心了，就可以继续开心地玩；如果转过头来，妈妈不在，孩子就顾不上玩，马上崩溃大哭找妈妈。

因此，对于她来说，家的象征意义比实际意义来得更重要。这个象征意义，就是一种稳定的安全感。而 Susan 之所以这么在乎家的象征意义，就是因为她的内心缺乏稳定的安全感。

其实 Susan 就是一个缺乏安全感的人，当初急着结婚也是因为这个。

因为"社会文化时间表"似乎在提醒着她：到年纪了，你应该结婚，否则你可能面对自己嫁不出去以及孤独终老的结果。而这些，都是本来没有安全感的 Susan 最不能接受的结局。所以，当初的 Susan 才会急急忙忙进入婚姻，现在面对婚姻的困局又没有勇气脱身。

2

我经常接到类似的个案。

安全感虽然是儿时建立起来的,但是安全感建立得怎么样,在关系中才是试金石。所以,很多与别人的关系有问题的人,多多少少都存在安全感匮乏的问题。

除了像 Susan 这样离婚的情况,安全感匮乏还常见于恋爱分手的个案。

Ada 就是这样的个案。本来感情已经淡漠,但是缺乏安全感的 Ada 却死活不分手,甚至用各种手段相威胁:她先是自残,希望对方同情自己;然后她发现自残没有用,索性扬言报复,后来还用自杀威胁。

为什么?因为没有安全感的 Ada,觉得离开对方,自己的生活会变得非常可怕。这让她很焦虑。

无论是 Susan 还是 Ada,没有安全感,让她们感觉离开了一段关系,就跟死了一样。

3

关系是安全感的试金石。但是安全感的建立,要从原生家庭说起。

在小的时候,我们是弱小的,需要依赖父母才能够活下去,所以父母是我们的重要客体。如果父母能够给予我们足够的、稳定的、持续的、可依赖的、持之以恒的爱,那么我们就感到自己被很好地看到和照顾到了。在这种被充分看到和照顾到的感受里,我们开始对外界、对他人建立一种"好"的感觉——体验到安全和对世界的信任,并且发展出自己的自尊、自信、热情,以及对现实和未来的确定感和掌控感。在这个过程中,安全感得以建立。

如果没有建立起很好的安全感,会带来什么影响呢?

存在主义马斯洛认为,人的需要依次为:生理的需要、安全的需要、爱和归属的需要、尊重的需要和自我实现的需要。人在满足了生理需要后,接下来最重要的就是安全需要。

马斯洛认为:安全感几乎就是心理健康的同义词,具备安全感对于心理健康而言至关重要。

马斯洛理论中,心理的安全感(psychological security)指的是"一种从恐惧和焦虑中脱离出来的信心、安全和自由的感觉,特别是满足一个人现在(和将来)各种需要的感觉"。

因此,缺乏安全感给我们带来彻骨的焦虑。

比如在很多两性亲密关系中,如果一方缺乏安全感,伴侣一旦出现什么"风吹草动",缺乏安全感的一方就疑神疑鬼、患得患失,焦虑不已。

因为缺乏安全感的人会感到外界是坏的,他人是敌对的,对外界的一切都倾向于从"坏"的角度去解读:感到自己被遗弃、被忽略、被忘记;自卑、自我谴责、悲观情绪明显;容易疲惫,一直在为了安全而努力；感觉到被冷落、被排斥、不被接受；嫉妒、仇恨、傲慢、病态自责等。

而具备安全感的人，会感到外界是"好"的，他人是善意的。对于外界的一切，具备安全感的人都倾向于从"好"的方向去解读：感到被信任、被抱持、被理解；感到自信、被接纳、被鼓励；对世界充满信心，对他人充满信心；愿意去帮助别人，也愿意接纳别人对自己的帮助；更容易看到希望，更容易接纳自己。

所以，可以看到，具备安全感，我们就倾向于对外界的一切刺激用更积极的方式去解读和回应，同时收获自信和饱满的自己；而不具备安全感，我们对外界的一切刺激倾向于从负面的角度去解读，产生愤恨、嫉妒、自卑等情绪，对外界不接纳，对自己也不接纳。

4

如何获得安全感呢？

从两个部分去努力：首先，在心中构建安全感；其次，从外界获得支持。

先说在心中构建安全感。

安全感是一种看不见摸不着的东西，没有其他人能给你，只有你自己。所以，提升自己内心的安全感就显得很重要。

如果我们没能在小时候构建起很好的安全感，那么在长大后，我们如何去做呢？

第一，努力构建稳定的关系。

稳定的关系本身就有疗愈作用。

在我们成年后，最具有疗愈作用和能给我们带来安全感的关系，是我们的家庭，包括原生家庭和后来我们自己组建的家庭。

所以，我们可以尝试去和我们的原生家庭进行感情的沟通，弥合和增进感情，让原生家庭成为我们坚强的后盾。另外，我们组建的家庭（也就是我们的亲密关系），是我们自主选择的、最亲密的、持续时间最长的一种关系。如果家庭关系稳定，会提升我们的安全感。同时，稳定的朋友关系、同事关系、师生关系等也很重要。任意关系如果能够比较稳定，都有疗愈作用，可以增加我们对自己的信心和认识，以及对外界的信任和好感。

第二，表达自己的不安全感。

当我们因为不安全感而恐惧、焦虑的时候，把这些情绪表达出来。

心理学家研究发现，当面对自己担心和恐惧的事情，很多人会下意识地自言自语，说一些自己当下的心理活动。在这样说的时候，人们内心的焦虑和恐惧情绪会得到释放，从而获得力量。相反，压抑这些情绪，只会让情绪更加积累。这也是我们说的，让情绪流动。情绪流动起来，很多感受就会畅通了。在每一次这样的表达中，我们都能释放一部分的情绪，从而慢慢修复自己，增加自己的安全感。

再说从外界获得的支持。

第一，我们要知道，我们是可以从外界获得支持的。

这是我们再三强调的。因为很多来咨询室的来访者，都不同程度上认为别人帮不到自己，自己只能一个人痛苦。

这也是很多人的状态。

他们封闭自我，认为自己在世界上是独立一人，社会不存在支持系统，或者社会的支持系统支持不到他们，而且也不会知道如何获得社会支持系统的支持。

比如我的一位有抑郁情绪的来访者，他是被家人"强迫"来咨询的。

后来，在我们的访谈中，他说因为他不觉得有任何人可以帮助到他，包括心理咨询。而这个想法正是让他抑郁的原因之一。

在生活中，每当遇到困难，他都觉得没人可以帮助他，因此每一个困难都会引起他强烈的焦虑。但是经过一段时间的咨询后，他开始相信这个世界有支持系统，确实存在一些人和一些社会角色，可以给他提供支持和帮助。认识到这一点，并且擅用社会支持系统，这很重要。

第二，从现实层面提升自己，让自己切实感受到安全感。比如努力工作、努力挣钱、努力给自己创造稳定和幸福的生活。

我的一位男性朋友，他小时候在农村生活，家里非常穷。这给他带来非常强烈的不安全感，也让他一直以来都特别担心自己"吃不饱饭、养不活自己"。他拼命学习，努力工作，后来成为一家互联网公司的高管，靠自己的努力在北京安家，现在他不仅能想吃什么吃什么，还能带着爱人去各国旅行，他从小时候开始的安全感不足的情况得到了很大的缓解。

其实，这也是我们一直在说的"用行动缓解焦虑"的一种方式。

5

内外兼修，培养自己内心的安全感，同时擅用外部资源给自己提供支持，那么就可以从现实层面和心理层面都获得充足的安全感，这种安全感是非常稳定而扎实的。

在获得了安全感的基础之上，我们还可以激发强大的创造力，大幅度提升我们的生命质量。

找到现实世界中的资源，离开想象的世界

1

我们的想象和现实事实往往完全不同。很多时候，我们却固执地认为，自己的想象就是事实。

我的一位来访者，她父亲有酗酒的问题，母亲为此经常和父亲大吵。每次吵完架，她父亲总是表示要痛改前非，但是之后还是会出去喝酒。她母亲为此经常以泪洗面，也跟她倾诉。不知不觉中，来访者从心理上默默地站到母亲这一队。每当父亲喝酒，她就很愤怒；每当看到母亲以泪洗面，她就很心疼。这给来访者造成了不小的心理阴影。

等来访者长大后结婚,她老公也有出去喝酒、喝多的时候。这个时候,她小时候看父亲喝酒的那种愤怒就会回来。在心理的某个层面,来访者笃定地认为:有什么应酬是必须喝酒的?老公的心理无非就是要"趁自己不注意的时候,找机会酗酒"罢了。

事实真的是这样吗?经过我们的咨询,慢慢还原出来的客观事实是:她的老公应该是个不喜欢喝酒的人。因为除了工作应酬,私下的朋友、家人聚会,他几乎不喝酒。

所以,来访者的"认为"并不是事实,只是她的想象。

2

活在想象的世界,往往给我们造成很多困扰。因为很多时候,我们的想象跟现实不符。而当我们身陷自己的想象中时,我们就走入了"一元孤独的世界"——自我封闭、孤立、无助。因为看不到客观现实,我们还会钻牛角尖。

因此,离开想象世界,看到现实更多资源就显得很重要。可是,这并不是一件容易的事。有的时候,我们会发现,我们被困在自己想象的世界里,习惯性地走入自己设定的剧情不能自拔。

那么,我们到底是如何被困住的呢?

想要走出想象的世界,有两个重要的角色不可缺少:母亲和父亲。而我们之所以被困在想象的世界里,也和这两个角色的功能缺失有关。

从想象的世界，走入现实世界，这是**层层蜕变**的过程。其中有两个阶段比较重要：

第一个阶段是：离开全能自恋的想象世界，也是离开一元孤独的想象的世界。这个过程需要借助母亲。母亲是我们接触的第一个客体，是我们从"我"走向"世界"的第一座桥梁。母亲可以通过对我们很好地看到、回应和照顾，把我们从孤独的想象世界拉出来。我们得以开始逐渐地意识到，自己既不是全能的，也不是孑然一人。通过母亲，我们看到"我"之外，还存在一个世界。如果母亲的功能缺失比较严重，我们可能无法从想象的世界中走出来，也就是，我们会被困在想象的世界中。

第二个阶段是：共生阶段。离开共生关系，来到现实世界，也就是个体分离的过程。这个过程，更多的是借助父亲。这个时候，父亲的作用就很大，而母亲的作用更多的是融合共生。我们和母亲的关系指向情感，和父亲的关系指向现实。借助父亲，我们来到三元现实世界。如果父亲的功能缺失比较严重，我们就无法离开共生阶段，也就无法走出家庭，无法看到更广阔的现实，包括：社会与规则。这样一来，我们同样会被困住。

3

你被困在了哪个阶段？

如果被困在第一阶段，我们就走不出一元的想象世界。也就是说，我们根本看不到外部世界，我们只活在自己纯粹的想象之中。这种情况如果出现，就比较严重。

"现实检验能力"是一项非常根本的能力。比如检验精神病性症状的一个重要指标，就是"是否具备现实检验能力"。然而事实上，被困在第一阶段，这种情况在现实生活中比较少。因为，虽然天下不存在完美妈妈，但是基本上妈妈还是能够给予我们必要的照顾。借助这些照顾，我们还是能够走出"一元的孤独想象的世界"。

现实中，被困在第二阶段的人更多，也就是分离失败。分离失败，我们就会被困在和母亲的共生关系中。一般而言，父亲角色缺席的家庭，或者父亲存在感比较弱的家庭，母亲就会"又当爹又当妈"。事实上，母亲是没有办法"又当爹又当妈"的，当女人不得不承担起养育孩子的全部责任时，孩子是缺少分离的动力的。因为母亲的角色会不自觉地把孩子往家庭里拉，而不是推动孩子走入更广阔的三元世界。

举个例子。我的一位来访者将关于她的原生家庭的事情，跟我说了将近一年。

因为关于原生家庭的各种事情太多，几乎是隔三岔五，我们的咨询就会有一期是围绕原生家庭的话题展开。其中一个关键的议题就是：分离失败。父亲角色的缺席下，在她不断努力分离的过程中，母亲不断将她拉回家庭，拉回自己身边。

比如，她跟我讲过这样一件事情。也是直到这段经历被再次提及，我才发现来访者所谓的"不合群"，是如何在长期的压抑中被建立起来的。

小时候，她一生病父母就很焦虑。偏偏她小时候很爱感冒、发烧，一发烧就容易得支气管炎或者肺炎。这在北方其实很普遍，尤其是冬天。

北方的冬天气候严寒、空气干燥，再加上那时北方的集体供暖是烧煤的，空气也不是很好，很多人从小就患有过敏性鼻炎。来访者只要一感冒，父母就非常紧张，这简直就成了父母的一个心病。她的父母觉得：我们的孩子不会是有什么问题吧？

于是，父母带她去市儿童医院，专门托人找了院长，要给孩子做全面的检查。多全面呢？这么说吧，包括基因、智力。这在20世纪90年代，算是相当全面了。

因为担心孩子的身体，母亲几乎将她和外部世界隔离了。不让她和其他小朋友玩，不让她吃外面的东西，不让她一个人到处乱跑，学校春游也不让她去。她印象最深刻的是，妈妈甚至找到学校不让她上体育课。

据来访者说，其实她身体素质不错，小学就被学校看中选入校体育队练习短跑。但是忧虑的父母为了保护孩子，专门去学校跟校方沟通，让她从校体育队退出来，同时体育课也不让她上。

这是在把孩子"所有可能进入现实世界的通道"都给堵死，把孩子往共生融合的关系里拉。当然，来访者的母亲并非有意，因为母亲有自己个人的局限——母亲就不曾走入现实世界。在母亲看来，外面世界是一个"坏"的世界。母亲一出生就没有了妈妈，因为生长在重男轻女的家庭，又没有得到很好的照顾，所以母亲在自己小时候，没有形成"外部世界是好的"的认知。等她做了母亲后，她做了自己认为最正确的决定来保护孩子，但这个决定本身就带着局限。

因此，她非常担心自己的孩子一旦走入外部世界，就会被外部世界伤害。比如参加校队体育训练，这件事就好像要"摧毁"孩子的身体，就好像会"杀死"孩子。外部世界对于母亲来说，就是这么可怕。母亲做这一切，都是下意识地为了保护孩子。

但是，这样做的客观结果就是：孩子可能融入外部世界的机会，都被很大程度上扼杀了。可能只有"上学"这件事本身，因为太基础和太必要，没有被抹杀。而来访者所有和人交往、建立关系的机会，都被尽可能地断绝了。这让来访者显得"内向""不合群""不爱说话"，在公开场合一说话就紧张。妈妈甚至还评价她"上不了台面"。其实是因为她的一切尝试去上台面的机会都被抹杀了，最后她被生生拉回到了家庭里。

我的这位来访者在长大后，没有了母亲的"过度关注"，她的哮喘奇迹般地痊愈了。她心理上的黑洞却没有那么容易消失。

这段成长经历带给来访者的伤痛是：她不能走进现实的关系，人际处理能力差，现实处理能力也差。这就是没有很好地走入现实世界的结果。

4

那么，要怎么做才能走入现实世界呢？找到现实中的资源，借助这些，可以帮助我们修复内心创伤，离开想象世界。

首先，走入人群。

比如多参加集体活动。哪怕我们在活动中会感到不舒服，我们还是要让自己多参与。在与人的真实互动中，我们才能从别人身上更多地看到自己，同时也学会看到别人。

其次，一段高质量的关系，是疗愈发生不可多得的机会。

尝试建立和经营一段更加持久、更高质量的关系。好的关系是非常好的容器，会给我们带来安全感和滋养。看到他人，走入关系，关系越深入，我们越能将自己从想象的世界中拉出来，看到真实的人。

第三，培养爱好。

爱好是我们与外部世界发生关系的管道。当我们喜欢打球，我们就和一项体育运动发生了真实的关系；当我们喜欢烹饪，我们就和食物发生了关系；当我们喜欢读书，我们就和书中的世界发生了关系。培养爱好，是在现实世界中延伸自己的好方法。

第四，去旅行。

走出去，让我们看到更广阔的世界、更瑰丽的风景。知道世界如此之大，如此不同，也有利于我们走出自己孤独的想象世界。

第五，现实层面的努力，去创造更多现实成就。

比如努力工作、努力赚钱。一方面，努力本身就是在和现实世界进行交互，同时当我们的努力被成果显化和标定下来，也会进一步鼓励我们不断去认识外部世界。

走出想象世界，融入外部世界的最好方法，就是义无反顾地走入无比现实的生活和融入真实的人群中,即便这样会碰壁,但是在不断碰壁的过程中,我们也会越来越结实。别担心,大胆地迈出这一步。迈向外部,迈向远方。

生活还是会焦虑，可是我已经不一样

1

我和许可的咨询停留在问题没有解决的时刻。事实上，像这样结案的咨询有很多。

许可当初因为绵延不绝的焦虑找到我，今天她的焦虑仍然在，但是我们谈到了结束咨询。

她向我表达了自己的担忧："我应该还是会焦虑的。"

我说："也许。"

她说："也许还会反复出现。"

我说："有这个可能。它不会在短时间内消失，还会陪你走一段，也许这一段路还不短。"

她问:"那我会不会再次崩溃?"

我回答她:"我想,你心里知道,你有能力去应对。"

她看着我,郑重地点点头。我们的咨询就停留在这里。

我知道,对于许可而言,她还是会焦虑,但是她似乎没有那么怕了。因为在心里的某个地方,她知道自己接得住自己。

焦虑无处不在,但是我已经不一样,因为我学会了和焦虑和平共处。

2

焦虑没有那么可怕,它只是一种善意的提醒。我们常说,没有哪种情绪的存在是为了摧毁我们。它们之所以存在,都只不过是一种提醒,告诉我们也许我们委屈了自己,也许我们忽视了什么。

当我们不再害怕焦虑,不再将焦虑看成巨大的敌人,我们会发现,它其实并没有多么可怕。当我们走近它,我们就能看到焦虑只不过是我们的一部分。我们完全可以和它和平共处。

我的一位朋友,每次在公开场合发言都极其焦虑,焦虑到前一天晚上根本无法入睡。而当她走进自己的内心,看一下焦虑背后的东西,她发现焦虑的背后无非是胆怯在公开场合讲话。为什么胆怯？因为小时候，她曾经是非常优秀的演讲高手，但是有一次在主持学校的联欢晚会时，她忘词了，于是那一刹那，时间凝固了，整个现场尴尬在那里，她觉得自己在全校师生面前丢尽了脸。下来后，她也没有得到父母的安慰，她的父母是那种只能接受女儿做得好"给自己脸上增光"，一点都不能接受女儿做得差的父母。父母不但没有安慰她，反而略带责备："这么多场面都见过了，你怎么还能犯这样的错误？"

从此以后，别说演讲，所有在公开场合发言的行为，她都排斥。所以，她的焦虑并非没有来由，她的焦虑在提醒她处理当时的创伤，并且不要苛责自己。

你不必事事完美，失误？失误就失误了，没什么大不了。

接纳焦虑，就等于接纳了自己的创伤，也就是接纳了自己的一部分。这个世界上，没有不能疗愈的创伤。

3

我们除了可以改变对焦虑的看法，还可以做出改变。当我们对个人的整合更加完备，我们就会变得更"结实"，从而可以承担更多。

"自我"是一个容器，可以容纳很多东西。但是，它的前提是：我们的"自我"是结实的。只有一个结实的容器，才可以有能力容纳更多的东西。

想要自我整合,我们就需要把破碎的"自我"的各个面整合到一起。这其中最重要的一部分是把"自我"中"好的"和"坏的"两部分,整合到一起。这样整合的"自我",才能完整而结实。

如何做到好坏整合呢?

很多人做不到好坏整合,更多的做法是留下好的,去除坏的。这样的我们就会显得很脆弱。事实上,我们本来就是好坏同体。让人遗憾的是,很多人终其一生,并不愿意承认这一点。尤其东方文化讲究的是善恶分明、黑白殊途。我们每个人都在努力把自己标榜成一个"好人"。而这里就有一个前提,我们忘记了所谓的"善恶"和"好坏",其实本也是我们后天习得的。我们本身的各个面本无好坏。所以,所谓的"善恶同体",指的无非是一个人所具有的各个面,它们共同组成了我们,各自有各自的功能。

而在我们人为划分出"善与恶""好与坏"之后,如果我们想成为"好人",就要把被我们定义为"恶"的那部分阉割掉。怎么阉割?比如防御,防御到潜意识深处,假装那部分不存在;比如投射,父母将自己的负面情绪和软弱,投射到孩子身上,孩子只能再带着这些伤痛成长、疗愈或者再通过与他人的交往,传递给他人,甚至自己的孩子……由这些衍生的各种继发性问题一生二、二生三,三生万物,蔓延无边。

所有的"恶"都在等待被看到,一旦它们被看到和被接纳,转变当下就会发生,破坏力就会转变为无穷无尽的生命力。这种生命力就会增加我们面对外界的力量,我们就会变得更有力量,也就是更"结实"。一个人从"人"到"神"的过程,无非就是自我修炼、自我成长的过程，这本身就是一个"好坏整合"的过程。允许自己"好坏同体"，允许别人"好坏同体"，更允许世界"好坏同体"，才是我们从头脑的剧本中走出来，走到这天马行空、光怪陆离又五彩缤纷的现实世界的前提。

让攻击性成为生命力，让阴影走到阳光下，让自己成为真实而完整的自己，不要放弃自己的任何一部分，包括自己的阴影。

看到和接纳自己的阴影，这也是我们学会好坏整合的第一步。

当我们可以做好好坏整合，变得结实的，将不仅仅是我们个人，同时还有我们的接纳能力。也就是说，变得结实的我们，更能接纳自己的阴暗面，比如焦虑。

英国心理学家温尼科特说过一句话："世界准备好接受你的本能排山倒海般涌出。"这是我听过的最动人的一句话。而在这两者之间，差一个"被看到"。"被看到"，才是转机。

4

就像我和许可在结案时的对话一样，没有人能许诺我们在一生中不会遇到困难，不会遇到压力，不会遇到各式各样让我们焦虑的事情。与其看到焦虑时如临大敌，不如接纳焦虑。

焦虑并没有那么可怕，我们可以尝试去看看它的背后到底是什么，它在告诉我们什么。当你不再那么排斥焦虑，你会发现焦虑的面目没那么狰狞。

同时，在这个过程中，伴随我们的自我成长，我们也会变得更加"结实"，能够看到除了我们的"自我"之外的外界的"人"和外界的"支持系统"对我们的支持，我们不是一个人。

不要也不必去消灭所有的焦虑，一个很重要的事实很可能是：我们每个人都要做好和焦虑长期相处的准备。

图书在版编目(CIP)数据

整理焦虑 / 三木水著. — 北京：北京时代华文书局，2022.2（2023.10重印）

ISBN 978-7-5699-4524-9

Ⅰ.①整… Ⅱ.①三… Ⅲ.①焦虑－心理调节－青年读物 Ⅳ.①B842.6-49

中国版本图书馆CIP数据核字(2022)第003134号

整 理 焦 虑
ZHENGLI JIAOLÜ

著　　者｜三木水

出 版 人｜陈　涛
策划监制｜小马BOOK
策划编辑｜林独醒
特约策划｜王肃超　李　格
特约编辑｜权俪银
营销编辑｜米若兰
责任编辑｜张超峰
责任校对｜张彦翔
封面设计｜琥珀视觉
责任印制｜訾　敬

出版发行｜北京时代华文书局 http://www.bjsdsj.com.cn
　　　　　北京市东城区安定门外大街136号皇城国际大厦A座8层
　　　　　邮编：100011　电话：010-64261528　64263661

印　　刷｜河北京平诚乾印刷有限公司　电话：010-60247905
　　　　　（如发现印装质量问题，请与印刷厂联系调换）

开　　本	880 mm×1230 mm　1/32	印　　张	8.5	字　　数	194千字
版　　次	2022年3月第1版	印　　次	2023年10月第3次印刷		
书　　号	ISBN 978-7-5699-4524-9				
定　　价	48.00元				

版权所有，侵权必究